人生起风时

饭爷 著

廣東旅游出版社
悦读书·悦旅行·悦享人生
中国·广州

图书在版编目（CIP）数据

人生起风时 / 饭爷著 . -- 广州 : 广东旅游出版社 , 2024. 7. -- ISBN 978-7-5570-3348-4

I. B848.4-49

中国国家版本馆 CIP 数据核字第 2024TT8194 号

出 版 人：刘志松
特约监制：武　亮　刘一寒
责任编辑：王湘庭
书籍设计：柏拉图
责任校对：李瑞苑
责任技编：冼志良

人生起风时
RENSHENG QIFENG SHI

广东旅游出版社出版发行
（广东省广州市荔湾区沙面北街 71 号首、二层）
邮编：510130
电话：020-87347732（总编室）　020-87348887（销售热线）
投稿邮箱：2026542779@qq.com
印刷：天津光之彩印刷有限公司
　　（天津市宝坻区潮阳工业区管委会路东 1 号）
开本：880 毫米 ×1230 毫米　32 开
字数：126 千字
印张：8
版次：2024 年 7 月第 1 版
印次：2024 年 7 月第 1 次
定价：52.00 元

CONTENTS [目录]

第一章

从认知开始改变

第二章

决定你未来的关键因素

第五章

未来，我们如何选择

第一章

从认知开始改变

人生没有白走的路

2022年3月我整理家里的杂物时，发现了不少过去的资料，都是刚刚做工厂时候留下的笔记。

现在回头看这些过往留下的笔记，仿佛就在昨天，历历在目。

现在这个阶段，看这些刚刚入行时做的笔记，也总有点儿感慨万千的感觉。

为什么会感慨万千呢？因为过去认识的那些小工厂主，现在大多数都步履维艰，很难维持下去了。

从某种意义上说，我们每个人都很像时代的浮萍，随着时代的大潮起起伏伏。

这也是为什么我们会经常听到这样一句话："一个人的命运，固然要靠个人奋斗，但也要考虑到历史的进程。"

我自己其实是没赶上做工厂的黄金时代的，基本就赶了个尾巴，折腾了半天除了经验也没赚到大钱。

现在回头看，其实当我决定入场的时候，这类小制造业企业的高光时刻基本就已经落幕了。

为什么这么说呢?

从2008年开始，全球已经从靠劳动和勤奋就有机会致富的时代，过渡到依靠资本和金融才有机会致富的时代。

资金已经从2008年之前地不断投资制造业以获取利润，变成了不断炒作资产以获取利润，就像美国"咆哮的二十年代"发生的那样。

我入场的时候，已经是2008年金融危机之后的第二年了。工厂的黄金时代早已过去，取而代之的是资产价格炒作。

不过那时候我并不知道这件事，每天依然干劲十足，找供应商、比价格、做方案，忙得不可开交。

那时候感觉自己特别爱学习，虽然很多东西都不太会，但是什么都能一边学习一边做。

当时每天都在一点儿一点儿地抠细节，一家一家地找供应商。都说万事开头难，这话一点儿都没错。

从早期找供应商，到后期组织调试生产线，就没有哪个环节不需要自己亲力亲为的。

我印象最深的一件事是，当时的流水线上有个做测试的破机器，不知道哪里出了问题，怎么折腾也不能正常使用。为了把这个机器搞修好，那天我折腾到晚上两点才走。

产线调整好了，然后就是培训工人，建立标准化操作手册、把控产品质量、检验抽样比例和规则。再然后就是优化操作，计算产线上各个工位的成本以及产线的效率考核。

可以说每一项做起来都挺磨人，每一项也都要逐步标准化，只能一步一步慢慢来。

很多人都奇怪，过去我为什么会关注铝，其实是因为我们当时成本的70%以上都是来自铜铝这类原材料的费用。

原材料价格在低位的时候有没有及时囤货，以及买进这些原材料价格的高低，基本决定了你的产品利润。

当时我们需要计算的成本分为两大块：一块是加工制造的成本，一块是原材料的成本。

加工制造这部分的成本，要一个工序一个工序去抠，以消除每一个环节可能存在的浪费。

记得那时候还做了个表来估算加工一个零部件的成本，以评估外部供应商的报价是否合理。比如一个铝合金加工件，成品重量是一公斤，那么我们要先计算原材料费用是多少。

成品的原材料费用，包含了成品的用料和中间加工的损耗，原材料费用有了，还要算中间加工需要多少费用。

这个计算方式也很有趣。

假如加工这个产品用了一台100万元的数控中心设备，按照机器十年折旧报废，一年的费用是10万元。这10万元的费用除以365天，就是每天的折旧费用。之后我们再按照一天24小时，把折旧费用折算到每秒多少钱。

如果这个零件加工需要60秒，那么每秒的折旧费用乘以60，就是这个零件的机器折旧成本。

除了机器折旧成本，还有操作数控中心的工人人工成本。这个计算方式和计算机器折旧成本基本类似，把工人每个月的工资折算到秒，再计算加工这个零部件需要的工人工资。

当然，除去我们上面说的，这里面还有场地租金、管理费用以及中间的税费成本。把这些一项项加进去以后，最终得出来一个数值，这个数值就是我们的生产成本，然后再把这个数值乘以110%，也就是给供应商10%左右的利润，基本就是他应该给我的报价。

原材料的成本基本没办法控制，因为铜铝这类原材料的定价，基本就是现货跟着上海期货交易所的结算价走。

你能做的事情也很有限，就是判断后市[①]这些原材料的价格是继续上涨，还是会下跌。

如果你的判断正确，在价格低位囤一部分原材料，那么很大一块利润空间就出来了。

---

①后市：今天以后的市场情况。

如果你的判断错误，囤了一堆原材料以后价格跌了，那可就惨了，赔的这部分钱就得自己承担了。

除了生产以外，当时工厂里还有各种破事，我们那时候最怕的就是半夜手机响。手机一响，就没什么好事。不是两帮工人打得头破血流，派出所来人了，就是夜班的人出事故了。

我记得当时我们有个车间主任，因为和产线上的女工有瓜葛，下夜班的时候，出门头上挨了一闷棍，摩托车头盔都被打碎了，要是没戴头盔，可能当场就过去了。

现在回头想想，做工厂这段经历虽然破事太多，并不那么愉快，但也学到了不少东西。收获最大的可能就是对周期的理解和学习，虽然只学了个半桶水，但是也为后面打下了基础。

因为那时候要抠成本，加工成本部分抠完了，剩下很重要的部分就是原材料了。

原材料价格的涨跌到底是由什么决定的，中间又有哪些需要关注的点，我为了弄明白到处找人学习、探讨，下了不少功夫。

要想搞明白原材料价格涨跌的问题，就要找到懂的人，但是找到懂的人，对当时的我来说确实有点儿难。因为通常做哪个行业，就认识哪个行业的人，想要跨圈子结识真正懂的人，并不那么容易。

我们当时做工厂，认识的都是一些小工厂主，大多也没什么文化水平，大家就是赚个加工费，不会考虑原材料价格涨跌所涉及的经济学原理。大家更关心的是怎么能接到更多的单，是通过网络投放搜索广告还是参加展会。

所以这中间我们也走了不少弯路，交了不少学费。不过这也很正常，不走弯路才不正常。最终我还是找到了行家，也明白了中间的关键影响因素。

这关键影响因素里面一部分是美元周期，一部分是全球大宗商品的价格波动、资本开支波动和供需波动。

我最初对于周期和大宗商品的知识结构，就是在这个阶段形成的，虽然当时确实还很懵懂。

经历了这段艰难的摸索以后，我终于有了对周期和供需的基础理解，这可能也是对我后来投资经历帮助最大的一部分。

当然，这个理解在开始的阶段是比较幼稚的，中间也经历了很多次修正，之后才慢慢建立了自己的体系。

现在回头看看，虽然那时候没赚到什么钱，但是学到的东西却让我受用至今。

这段经历对我而言，就如这句老话："人生没有白走的路，每一步都算数。"

学历和收入成正比吗

这几年估计是因为就业竞争实在太过激烈，出现了一个很奇怪的现象，很多本科应届生由于担心毕业以后就业情况不太好而选择了考研。

在这种背景下，最近几年全国报名研究生考试的人数呈逐年递增的趋势，甚至有些学校除了保研的学生以外，其他学生差不多都在考研。

发生这种情况，我倒是可以理解。毕竟现在大多数本科毕业生想直接到就业市场找个不错的工作还是比较吃力的，但仍有一些硕士毕业以后还是没找到自己心仪的工作，于是又打算读博士，这我就不太理解了。

对多数人来说，本科毕业后，想找一份理想的工作确实有点困难，但除了少数特殊行业，多数行业只要硕士文凭就足够了。如果读完硕士还没办法找到合适的工作，那真的没必要继续深造了，因为很可能读完博士还是找不到。

在目前的就业市场里，本科毕业生的就业情况可能相对比较少。除了热门专业，多数人能找到的就是几千块钱一个月的工作。稍微好一点的工作，基本要求是硕士起步，能迈过这个门槛，年薪差不多能拿到10万元。

如果读完硕士还找不到合适的工作，可能是因为专业不太受就业市场欢迎。在这种情况下，即使跑去读了博士，对自己的境遇也不会有多大的改善。

对大多数人来说，读博也不容易，在实验室要熬得住，还要写出合格的论文。搞不定这些，就毕不了业，接着又是无尽的煎熬。可以说，为了就业而继续读博，性价比是非常低的。

我认为有一种情况比较适合读博，那就是学校给你硕博连读的机会，你评估了自己的能力以后，也有信心。因为硕博连读，读完硕士只需要再花两三年就可以读完博士，多花不了多少时间。当然，每个人要根据自己的情况定，这仅属于我个人的见解。

我们的就业市场并不需要那么多博士，这是供需问题。市面上只有少数高新技术企业和互联网巨头能在研发上做大规模投入，比如做人工智能、自动驾驶和各种算法的那些公司。

除了几家头部互联网和科技公司，另外就是一些初创的高科技企业。他们都招了不少博士搞相关的研发，待遇也还不错。但有这类需求的企业，在就业市场只是少数，多数企业根本不会花钱搞这么前沿的东西。因为多数企业根本就用不着去研发这些前沿的技术，即使研发出来，这些成果一时半会儿也没办法落地，让公司实现盈利。这就导致很多博士很难找到对口的就业岗位，这种现象在文科博士身上体现得更加明显。

博士的优势在科研方面，其实对大多数博士来说，进大学担任老师算是可行的出路。可这两年毕业的博士实在太多了，根本没有那么多岗位，所以大学就制定了个非升即走的制度。

什么是非升即走呢？就是现在大学也不给你铁饭碗了，而是每隔几年就重新签合同。签合同之前要评估你这几年的产出，如果学校觉得产出不行，那合同就不签了，直接让你离职。

当然，现在很多博士还有个出路，就是去发达地区的一些好的中小学做老师。比如深圳中学、人大附中这些学校，过去几年就招了不少清华、北大的博士当老师。对大多数名校毕业的博士来说，这也算是个不错的出路了，毕竟收入和社会地位都不错。

长期以来，很多人认为学历和收入是成正比的。他们以为博士学历最高，收入也应该最高，社会地位也应该更高。这是个非常大的误区，社会实际情况并不是这样。影响赚钱和社会地位的因素实在太多了，学历只不过是其中之一。

读博士靠学历走科研这条路，在过去很多年是一条确定性非常强的道路。确定性很强，意味着风险比较低，赚大钱的机会也很少。

走不断提高学历的路径，只是会让你的人生轨迹变得相对可预测。总体来说，学历高，肯定比学历低容易赚钱，但并不是说学历越高，收入就会越高。

学历只是获取收入的一条途径，但是收入的高低，也不是只看学历和能力。想要赚钱或者成功，相关因素实在太多了，比如机遇、趋势、运气等。

近年来，人生能够“开挂”的人，大多也并不是完全靠学历。有的是自身资质过得去，加上胆子大和好运气加持；有的是父母辈有好的人脉或者资源积累；有的是善于交际，能打破圈层，敢想敢拼加上运气不错。

在目前的状况下，仅仅靠学历就想和别人竞争，打破圈层，杀出一条血路，其实并没有那么容易。如果只依靠学历，最终很难获得自己想要的结果。

经济增速慢下来以后，想办法找机会和赛道，比持续读书提高学历要重要得多。因为随着不错的职位越来越少，要求也会越来越高。你想要找好的职位就没那么容易了。

何况，学历提升的速度，可能赶不上岗位要求提高的速度和岗位减少的速度。

十年前我表弟进三甲医院药房工作的时候，医院的招聘条件是，相关专业大专毕业。现在，同样的工作，博士成了硬门槛。表弟后来感叹，还好自己生得早。

我以前也在文章里写过，随着由增量经济变为存量经济，整个社会能提供的机会（也就是坑位）逐渐变少，这已经是必然趋势。文凭在海量供应，单靠走教育竞赛这条路，竞争就会变得很激烈。未来“拼娃”本身拼的是把子女按照岗位标准来塑造的能力。

在未来，一个人要想占据优势岗位，其自身的能力和社会支持可能才是更重要的

很多东西都不是学校教你的

某天，有人问我，说他在学校里读了那么多书，为什么还是没学会怎么赚大钱。

这是因为学校从来不会教你怎么赚更多的钱。学校里的一系列教育，目的都是把你按部就班地培养成社会上需要的人才。通常某个阶段社会需要什么样的人才，学校就会设置什么样的专业。

学校要做的不是教你怎么赚钱，而是要把你培养成一个合格的工作者。

现代义务教育是工业化以后从德国开始的。工业时代的分工越来越复杂，导致工人必须掌握一定的科学文化知识才能操作机器，提高劳动生产率。

过去英国那种不让底层老百姓上学，儿童十来岁就下井挖煤，把劳动力当牲口用的简单粗暴的方式在工业时代已经不适用了。

所以我们才看到，所有主要工业国想要工业化，首先做的就是扫除文盲，设立基础的义务教育体系。这是一个工业强国培养合格的劳动者所必须的，不然就会降低国家的竞争力。

学校里成体系的教育，目的不是教你赚钱的本领，也不是教你做生意的技巧，而是通过系统的训练和层层筛选，教给普通大众怎么在社会大生产中做个合格的工作者。你在学校里学的那些东西，也主要是和工业化大生产配套的相关知识。

一个人在学校努力读书，毕业以后勤劳工作，也许可以达到小康生活。但是单靠这个路径，却很难赚钱致富，尤其是在一个国家步入成熟期以后。

在工业时代，学校的职责要保证随时能够为社会提供人才。所以，学校怎么会教你赚钱呢？学校本来就是为此而设立的，学校也不招聘会赚钱的人。学校里大多数老师会赚钱吗？并不会。给你讲商业的老师，多数自己也没做过生意。他们给你讲的很多东西，也是理论大于实践，基本都是纸上谈兵。他们最终能告诉你的赚钱方式，也就是好好读书去大企业工作。

我们知道，知识要变现，就需要有人购买——没人买的东西是不值钱的。所以，热门行业的知识，变现相对容易；冷门行业的知识，变现就很难。

这就是为什么同样的工作，同样上八小时班，只是因为你在不同的行业，收入却不一样。

虽然行业不同，收入也不同，但是在高薪行业里工作，想要致富也非常难。因为多数致富的人，钱并不是仅仅通过工作赚来的。他们能赚到钱，可能是因为遇到了一个机会，也可能是因为行业和地区的信息差，又或者是因为一个新兴行业的风口。

很少有人靠上班或者在传统行业打拼致富。举个例子，同样是下围棋，你通过学习掌握了一些技巧，想要赢过九段是很难的，但是两位九段高手对决，他们也很难赢过对方。

传统行业发展到成熟阶段以后，能在行业里活下来赚钱的，基本个个都是九段。因为在传统行业里，你如果没什么比别人出挑的东西，是很难杀出重围的。

为什么从事传统行业也很难致富？因为传统行业内部竞争异

常激烈，利润也很透明。新兴行业就不一样了，大家都是从一张白纸开始，哪有那么多的九段？你只要在这个领域比他们懂得早一点儿，懂得多一点儿，就能抢得先机。

大家可以回顾一下过去十年比较容易赚钱的行业。比如2010年开始的移动互联网，再到后面的跨境电商，还有这两年的抖音电商。这些都是因为行业刚刚开始时，大家都是小白，行业处于增长迅速的阶段，所以新手才能赚到钱。

现在我们知道致富的秘诀之一是源于新兴行业的泡沫。那么，如何判断一个人是不是潜力股，能不能成为有钱人？或者说，如何判断自己有没有成为富人的潜力呢？

抛开运气不谈，如果一个人看到一个行业可能有机会赚钱，懂得去研究，那么他变富的可能性就比较大。如果这个人看过几次新兴行业的泡沫产生过程，懂得总结，能够形成自己的思路——经历两次类似的周期，就会对财富怎么涌动，泡沫是怎么吹起来的，有了自己的经验。那么，下一轮泡沫到来的时候，他就能抓到机会。

虽然每次“吹泡泡”的行业不同，但是“吹泡泡”的轨迹和路径，基本是一致的。

多数有钱人致富的原因也很简单，就是在某个阶段，正好踩中了那种几十上百倍增值的泡沫。当然，只是踩中也并不够，还要看准时机，及时退出来保存利润。

如果只是单纯、胆大、跟风地往里冲，没想明白什么情况下应该退出，最终很可能只是一场空。靠着敢打敢拼往里冲，在“吹泡泡”时凭运气赚到的钱，最后可能还会靠“实力”还回去。

如何判断一个人这辈子可能也就这样了呢？

说起来也非常简单。如果在一个行业刚刚兴起的时候，这个人总是认为进去参与的人脑子有问题，而不是去琢磨其中有什么规律，自己有什么机会，那么，他这辈子很可能也就这样了，不会有什么突破。

自身没有什么潜力又丧失了探索欲的人，最大的特点就是排斥和害怕学习新事物。

偏见才是最大的问题

在国内目前老龄化的背景下，医药行业的逻辑发生了很大改变。

参照和我们人口结构类似的日本，从整体上，我是不看好医药行业的。因为在人口老龄化和生育率下滑的背景下，缴纳医保基金的年轻人数量不够，未来长期控制药费已经是大势所趋。

比如大家熟悉的集采，就是通过医保定价控制支出，整个板块的天花板已经在那儿了。不过在医药板块整体没有增量的背景下，也有一些细分领域值得被看好。比如说中药板块，医药商业流通板块的巨无霸企业，能够并购扩张的仿制药龙头企业，以及能够出海扩张市场的创新药企业。这四个细分领域，应该是未来医药领域为数不多有增量的部分了。

我们看好的这四个领域里面，最难押注的是创新药，因为这方面我们没有先发优势。

国际创新药的巨头基本都是欧美企业，国内企业大多都是在模仿，或者搞CXO[①]帮国际药企打下手。

需要搞并购整合的医药流通领域和仿制药领域，还需要时间观察，现在还看不出谁能够最终跑出来。

最具确定性的就是中药板块。尤其是中药领域可以孵化出与保健和快消品行业相关的公司。最近整个中药板块成交量都在不断升温和放大。

当然，目前中药板块之所以表现很好，很重要的原因，是2021年年底的那份指导意见。

国家医疗保障局和国家中医药管理局在2021年12月印发了《关于医保支持中医药传承创新发展的指导意见》。意见提出，推进中医医保支付方式改革，要将符合条件的中医医药机构纳入医保定点支付范围。把符合《处方管理办法》和《医院中药饮片管理规范》，但超出《中华人民共和国药典》规定常用剂量的中

① CXO也被称为医药外包，可简单理解为研发外包、生产外包、销售外包。

药饮片纳入医保支付范围。

我国医疗支付的大部分主要是医保，医保在支付方面的支持可以说至关重要。

这里我们也能看出，医药板块最具确定性的增量在哪里，就是中医药这部分。这部分又可以分为两部分，一部分增量来自医保对中医药产业的支持，一部分来自高端中医药消费品和保健品化。

有很多人不喜欢中药，他们觉得中药没有经过三期双盲和临床测试，无法证明其效果。

很多人甚至会因为中药有没有效这个问题而在微信群里吵架。在我看来这完全是想不开，大家求同存异就好。争论这类问题，毫无意义。

别人觉得有效，一定是人家使用中医治疗以后，取得了意想不到的效果。在别人已经感知到疗效的情况下，你和人家去争论这个问题，肯定说服不了别人。

除了治病以外，现在中医药里面很大一块，其实是用在保健方向的。

以前总听人说什么阿胶就是拿驴皮做的保健品，这东西化学成份就是一块蛋白质，能有什么保健功能。

从投资的角度看，这是非常愚蠢的论点。投资中最大的敌人就是偏见。

如果非要从疗效的角度来讨论这件事情，那么我们举个例子，大多数女性每天脸上涂涂抹抹的那些化妆品，从科学的角度论证，基本就是精细化工品和大分子营养物质。

要知道，人的皮肤连细菌都穿不透。这些化妆品里的大分子营养物质就能穿透？但这也并不妨碍广大女性同胞觉得用了高价化妆品以后，护肤效果会更好。

你怎么不去说服你的女朋友或者太太，天天用科学的角度告诉她这玩意儿没用，是白花钱？

其实不管是保健品还是化妆品，这类产品本身的逻辑是一致的。使用的人觉得效果不错，那就是效果不错。你去说服对方，是毫无意义的事情。

假如从化妆品这个角度看，其实这类保健品的逻辑，很像是消费品。

消费品的盈利，一方面是靠消费品客户数量的增加，另一方面是产品能够持续提高价格。

从目前的情况来看，中医药从这两个维度看都是在不断提高的。

未来十多年，我国有大量20世纪60年代、70年代出生的人开始退休，这些人都是在传统中医药文化熏陶下长大的。所以在一个比较长的周期里，中医药的消费人群和产品价格将呈现稳步上升的趋势。

在这个背景下，未来整个中医药行业的景气度，甚至有可能超越现在的白酒行业。可以说，中医药板块，是未来几年医药板块的战略性投资方向。

这些中医药品牌里面，能把自己的产品做成消费品和保健品的，股价涨幅会非常大。

当然，这里我们说的是一个长期趋势，短期要介入任何一个板块，都尽量不要冲动追高。

愤怒是解决不了问题的

小A在国企工作，他们公司一个部门下面有多个团队，各个团队的工作方向都不太一样。小A在公司底层磨砺了几年以后，因为机缘巧合，暂时负责团队管理，但还是虚职。因为工作上的事情，小A这个团队要和另外一个团队合作，主要任务是配合对方。

小A不知道自己是因为什么得罪了对方的负责人小B，对方不仅从合作开始就各种推卸责任，还在交代工作的时候故意不说全，说半句藏半句。因此小A很生气，就开始跟小B发脾气。

一番折腾下来，公司里的很多人觉得刚走上领导岗位的小A不会做事。

公司里开始有风言风语传出，说小A位置还没坐稳，人就飘了，不好好做事，性格也强势。

小B还偷偷地去上一级领导那里告小A的状，上级领导还因此叫小A去谈话。

小A只是想把事情做好，没有那么多花花肠子。他想着大家和和气气一起把事情商定，痛痛快快做完就行了，根本就不想搞这么多钩心斗角的事。他有时候说话语气可能会有点儿强烈，但也是为了把事情做好，并不是要脾气。

小A私下里也做过自我反思。他觉得自己性格比较直，爱憎分明，确实容易得罪人，而小B却把这些事情全都记在心里了。小B交代任务的时候，故意不把话说全，出了问题又把自己摘得一干二净。

小B的这种做事方式让小A受不了，也看不上。一来二去，小A难免更有情绪了。

让小A困扰的是，两个团队需要继续配合，大家抬头不见低头见，这类摩擦总会时不时跳出来。小A想换个工作，可是现在换个合适的工作也不容易，这让他进退两难。

小A甚至一度想过离职专心炒股，但最终没有迈出这一步。

小A记得我在一篇文章里讲过，当一个人手里的本金乘以年化收益率5%后能覆盖现在的年收入，才能考虑出来全职做投资。目前自己还没达到这个标准，所以离职不现实，但现在的工作状态又让他很难受，因此他找到了我并希望我能提个建议。

我大学刚刚毕业的时候，也经历过这个阶段。那时候我只想着做事，脾气有点儿犟，初生牛犊不怕虎，也得罪了不少人。只不过我那时运气不错，得到大老板的赏识，才站稳了脚。这段经历给我留下了深刻印象，也给我留下了很多经验。

第一，为了避免出现责任不清的问题，做任何事情都要留证据。

工作上的重要沟通和交接，都要通过电子邮件进行，邮件抄送相关领导和责任人作为证据。大家现在沟通更多用的是用微信和钉钉，一样可以留下证据。

抄送邮件不是为了表功，而是为了明确大家的责任。留下证据可以确定责任方，避免被人栽赃。

我刚进入职场，和职场老油条配合工作的时候，每天都像生活在宫斗剧里。

第二，因别人告状遭到领导误解，被领导找去谈话，这种事情我也经历过。

如果你还想继续做这份工作，那么遇到这样的问题，先要从领导和你谈话的内容和语气中判断，领导对事情的了解有多少，要尽量想办法化解领导的误会。根据他和你谈话的内容，判断他知道多少真实信息。你要在诚恳地澄清问题的同时，也要表达自己想要配合对方团队把事情做好的态度。另外，要避免对方团队负责人给你栽赃，在领导那边留下坏印象。

第三，不管你看不看得上这个人，他都是一个团队的负责人，不会因为你的意志改变。

你就是再生气，只要你还在做这份工作，你还是不得不和他继续配合，所以你先要改变自己的心态，不要因为工作上面的事情生气。生气是用别人的错误惩罚自己，生闷气只会让自己更难受。心里的不满也没必要摆在脸上，因为这是最没用的解决问题的方式。

对方爱推卸责任，故意不把话说全，你就要想办法留下证据，必要的时候可以反击。和这类人相处，态度记得一定要好，客客气气地说话，但是随时要准备防守反击。

需要清楚的一点是，不要因为这样的人而考虑辞职。这种不好合作的人，无论在哪个公司，或多或少都会有。

你在基层扎根几年，好不容易才升上来，因为这样一个人而丢掉现在的职位，这是很可惜的。当务之急是想办法把这个位置坐稳了。

最后再强调一下在公司做事的方法，尤其是在大公司工作，如果想要走得更顺，需要注意以下几点：

一、事情开始前，要把责任搞清楚，注意留下证据。任何交接工作，都要以文字为准。

二、遇到爱搬弄是非的人在领导那边制造误会，要尽力化解，同时和领导表明自己要把这项工作做好的态度。

三、上级交代下来的事情，完成以后一定要反馈。闷头做事是不够的，还要告诉领导你做了什么。在很多大公司，PPT做得好，汇报水平高，有时候比做事本身更能获得重视和提拔。

四、很多事情，你也能做他也能做，当你没有核心竞争力的时候，最重要的是和上层一条心。

五、升迁看的是你能解决多少问题，尤其是解决上级不想面对的问题。这类问题不一定很难，但是一定很麻烦和琐碎。如果上司为人靠谱，必要时替他承担责任，你的机会就比别人多。

六、没有领导喜欢那种遇到问题只会问怎么办的下属。单位招你来就是解决问题的，没有解决问题的能力，你很快就会被边缘化。

在大公司里，想要推动任何一件稍微复杂的事情，都需要有一堆人配合。大家往往都是抱着多一事不如少一事的心态，你不想办法去推动，大家肯定不愿意配合你。每次你都推不动，最后你就是什么事情都搞不定的老好人，慢慢也就被边缘化了。这就是老好人在大公司很难混出头，什么都得自己干还不落好的原因。

七、工作中遇到小人，没必要生气，更不要摆在脸上，有问题解决问题就好了。

你的下属或上司都不需要你喜欢，大家只不过是因为工作而在一起的，做好自己的情绪管理。你每个工作日要待在单位八小时，总是郁闷，身体也受不了。

八、工作的时候要注意积累资源，多数人是没办法在一个岗位上做一辈子的。

在工作中努力提高自己能力的同时，要观察自己能接触到的资源情况。哪些资源可以随着个人走，哪些是带不走的。分辨清楚以后，就要有侧重地积累。

九、遇到问题还是要先想怎么解决，换份工作可能不会有任何帮助。

任何单位都有它的问题，毕竟有人的地方就有斗争。伟大都是熬出来的，你的根基也是。熬到树大根深，河大水深，一切就都好起来了。

十、平级或者平级部门之间的斗争，多少还是看谁更强势。强势的前提是你的能力强，还有不要被别人抓住把柄。迅速反应能力和表达能力很重要，开会的时候大家比的就是反应，推卸责任的事情往往发生在会议期间。

当然，这仅仅是我个人的一些经验，仅供参考，关键还是要靠自己在职场中多学习、多实践、多参悟。

十年轮回

有个读者发给我一篇文章，这篇文章的作者曾在当时最热的通信行业工作。

这个读者看完这篇文章后最大的感慨和我一样：一个行业的好日子通常只有十年，并不会像大家想的那样永远持续。

如果一个人在行业红利期没有赚到钱，那么，行业下行的时候他只会更惨。

这篇文章的作者说，他从2002年开始在通信行业工作，所在的公司为北美的世界500强公司。

从通信行业在中国起飞，到次贷危机爆发以后行业衰落的整个过程，这个作者都经历了，之后从通信行业里出来不干了。

那个年代，通信行业和现在的互联网行业一样，都是高薪的代名词。外企因为待遇好、有地位，成为毕业生的首选。

2002年，该作者在外企工作，外企给他开9000多元的工资。这在当时已经是很高的工资了，比一般行业能高好几倍。

那时候中国自己的通信技术还不太行，华为这样的国内企业刚刚起步不久，很多设备都用国外的。

欧美企业外派了大量团队来中国做项目。这些国外的人来中国以后，住五星级酒店，出入都是打车，度过了一段非常美好的时光。和这些外国人一起出差的国内工程师团队，不少公司给的补贴也很高，有的一天给五六百元。不少出差多的团队，就靠拿补贴攒钱，一年下来，这些补贴加上工资就能在北京买套房。

回顾这段经历，让该作者很感慨的是，当年这些外国人的薪水大概是三四千欧元一个月。这个数字虽然现在看起来不高，但是在2002年已经是个天文数字了。

当时我们觉得外国人收入很高，是因为我们当时收入太少。经过这些年的快速发展，我们慢慢赶上了。可是二十年过去了，这些国外员工的工资，依然还是三四千欧元，没什么变化。

由此可见，社会进入稳定状态以后，人们的收入增长越来越慢，甚至不增长才是常态，并不会像大家期待的一样，收入永远高速增长下去。毕竟个人的收入增长是和国家的整体经济增长挂钩的。整体经济这块大饼增长得快，个人才有增长的空间。

欧美的社会发展给我们的启示是，社会步入成熟稳态以后，整体经济的增长会放缓。当经济发展到一定阶段，个人的收入增长也会变得很慢。

离职十年以后，该作者因为一次偶然机会，联系上了以前通信行业里的同事，发现其中近况好的并不多。

老A现在四十八九岁，名校计算机本硕，很早就在外企做到了经理的职位。2014年被爱立信裁员以后，离开了通信行业，之后连续三次失业，两次失业半年，一次失业一年多，最后去了一家台资电子厂做项目经理，目前的状况不知。

老B现在四十三四岁，2020年以后就没再工作了，在家炒股带孩子。

老C是北京邮电大学的计算机通信本科、硕士毕业，属于天生的技术男。现在在一家创业小公司做编程，收入没有明显下降，就是加班太多，一直觉得很累。

老D是西安交通大学的本科、硕士毕业，四十出头就被裁员，然后做外包，曾经两年时间里只有半年在工作，压力非常大。

老E是计算机专业毕业的，是作者通信行业熟人里面为数不多的女性。之前在索尼爱立信上班，现在刚四十出头，已经转行卖保险了。

这里面状态最好的可能是老F。老F个人能力很强，能够看清大势，善于捕捉机会。在通信行业走下坡路以后，老F迅速转行到互联网。目前在一家头部互联网公司工作，职位还挺高。

该作者在文章里还说，二十年前在国内通信行业的高光时刻，他们总会被外派到北美出差。有次他的同事在美国出差时去超市买东西，被一个在超市整理货架的美国老太太叫住，和他搭讪，说他手上拿的袋子，上面印着他公司的标志，老太太以前也在这家公司工作过，参与了程控交换机的研发。

当时该作者听同事讲完还有些感慨，怎么在高科技公司搞科研的，到了这个年纪却去超市工作了。

那时候，大家都把这个故事当笑话听，以为这是因为老太太不努力才导致的这个结果。现在二十年过去了，通信行业开始走下坡路，他觉得自己渐渐理解这个美国老太太了。当初大家都以为是因为自己能力强所以赚得多，没想到其实都是时代给予的红利。

不过，他的这些老同事好歹也是经历了通信行业的高光时刻。那个年代，通信行业待遇非常好，工资也很高。虽然工作在一线城市，可买房并不吃力。他们工作了几年，都陆续买了两套房，有些还买了三套房。现在就是靠收租，每个月也能收七八千。

都说每代人有每代人的机会，回顾一下，这话确实说得有道理。毕竟回顾过去，每十年基本就会出现一个非常好的行业。

20世纪90年代末的通信行业、2007年以后的房地产行业、2010年以后的互联网行业，都是经历了十年左右的火爆期。

不过，人无千日好，花无百日红。那些高光的行业，最终都会随着时间而落幕。

看完这个作者的文章，我想到了唐笑和厉娜的事情。唐笑和厉娜进入了娱乐行业，而且开局拿到的牌差异很大，只不过，让人没想到的是，拿到差牌的唐笑抓住了机会，最终把手里一手烂牌打成了王炸。

如果一个行业最风光的时候，你恰好在里面，那么就要努力抓住机会不断积累资源，因为行业不会永远好下去。

毕竟普通人一辈子能遇到的好机会并不多，抓住一次，这辈子差不多就稳了。一旦错过这次，下次就不知道猴年马月了。况且对多数人来说，并不一定有下次。

另外，遇到好机会赚了钱，不要瞎折腾，要把它投入到能产生现金流的资产上去。

第二章

决定你未来的关键因素

有些人往上攀爬，为什么那么难

上了高中以后，学生之间拼的就是智商了。智商高、天赋好的孩子，只要读书的习惯还可以，差不多都能脱颖而出。

有人说，既然是拼智商，又怎么会有“小镇做题家”的说法？他们不就是靠死读书刷题考出的好成绩吗？这些人还嘲笑说，就是因为只会刷题，所以他们毕业以后总是混得不太行，还容易时不时掉到坑里。

其实小镇做题家，不过是小地方考上好大学的人的自嘲。因为学习能力的提升，并不是一件熟能生巧的事情。

按照多数小镇学校的教育水平和读书环境，智商不出众是不可能考出来的。只不过走向社会以后，决定你成功与否并不仅是智商、情商、财商，还有背后家庭的资源等重要因素。

智商决定了知识的边界，情商决定了一个人对社会的驾驭能力，财商却决定了财富的边界。如果一个人的智商、情商、财商都比较高，手里还有资源支持，就容易获得财富。

一、教育的本质是筛选

很多当父母的都知道不能让孩子输在起跑线上。多数人以为起跑线就是教育，其实真正的起跑线是家庭的积累和资源。

为了不让自己的孩子输在起跑线上，越来越多的家长投入到教育军备竞赛中去。这些家长为孩子的教育投入了很多，却从来没有想过，教育军备竞赛搞得这么激烈，到底是为了什么。

大家可以回忆下，你在孩子的教育上下了这么大的功夫，孩子学到的那些知识有多少能在工作里用到。

除了特别强调技术的岗位，我们在工作中用到的东西，和过去学到的那些东西有多大关系？是不是多数人走上工作岗位以后，很多东西又都要从头开始学习？既然用不到，那为什么从童年开始要教给我们这么多没用的知识，花掉这么多时间呢？

答案是：为了筛选。

首先，通过学习这些知识的过程，把那些自制力强、学习习惯好的学生筛选出来。

其次，通过这段时间基础知识的学习，培养孩子独立思考以及解决问题的能力。

最后，给他们设置一个显而易见的公平门槛，为走进社会做准备。比如很多人走进社会就会发现，很多岗位是个人就能干，为什么选他而不选你呢？因为他是研究生，你是高中生。以学历这个门槛作为挑选人才的依据，这样做社会矛盾最小，也显得最公平。这样大家都无话可说，毕竟从学历上看，你确实比人家差得很远。

高考之所以设置成按分数录取，就是为了最大程度地兼顾公平。九年义务教育阶段国家一直在做的，也是为了维护公平。在教育资源有限的情况下，尽可能给大家提供公平的教育环境，把各种阶层家庭里天赋不差的孩子筛选出来，通过读书成绩分层，给他们一个更适合自己的平台。这是一个人在18岁之前国家为他做的事情，这也是为什么我们看到国家一直在搞教育公平化。

二、小镇做题家的苦恼

智商具有随机性，无法稳定遗传。父母清华或北大毕业，孩子去读三本的比比皆是。

高考只是漫漫人生路的一个起点，也是每个孩子人生中最后一次能在无兵器、无防护的状态下和竞争对手公平决斗的机会。

读书可以说是每个孩子人生几十年时间里最最简单的一件事，因为路径都给你画好了，大家只是单纯地比拼智商和学习习惯。需要学习哪些知识点，通过什么套路解题，只要智商和学习习惯还可以，按部就班照着书读，就没什么问题。

在一种有限的范围内，这是孩子之间的博弈。国家设定好筛选机制和规则，大家通过这套规则接受筛选。在这套规则下面，你做的所有积累都是为了帮助你越过高考这个筛选的门槛。

高考本身是对社会的第一次分层，通过这次考试，可以把很多水平相近的人放到一起，为国家将来的建设服务。

水平相近的人在一起，最大的好处就是可以减少沟通成本，因为有意义的沟通，只能在知识和信息同步的情况下发生。在两个人都有相关知识的情况下，很多简单的概念就可以直接略过，一些基础的东西也不需要重新解释。

比如，你和人聊《红楼梦》里刘姥姥进大观园，如果对方连《红楼梦》这本书或者电视剧都没看过，那要怎么聊？比如，你和别人聊Python语言是怎么建模的，如果对方连Python是什么都不知道，那还有什么沟通的基础？

高考分层以后，国家将来想搞个什么大型的项目，就可以从这些人里面筛选，大家协作的沟通成本就会低很多。

曾经有人问我，高考到底能不能改变人生？如果你起点很低，那确实可以。因为学历本身更像一个新的起点或者门槛，跨过这个门槛，更高级的职位和更多的机会，可能就会对你打开大门。

不过跨过门槛之后，除了自身能力外，就要靠家庭积累的资源了。因为毕业以后你要面对的社会，是一个无规则的竞技场。

对多数小镇做题家来说，分水岭也往往出现在大学毕业之后，因为游戏的玩法完全变了。

一个人在学习和考试上很有能力，可是大学毕业以后，这种能力却不能保证他在以后的工作中取得理想的成绩，也不能保证他把生活中的事情处理得很好。

工作以后就是新的人生法则，之前应试教育学到的那些东西，大多都要推倒重来。

大家之间的比拼，也从之前的单纯地拼成绩、拼分数，变成了拼赛场之外的很多东西。

这个阶段就需要从之前学校里的学习分数这种有限范围内的博弈，转到社会上的无限范围博弈中来。到了这个阶段，那些富裕的家庭可以提供的资源和关系，也开始逐渐起作用了。

高考不能作弊，也不能找牛人帮忙，但走上社会后就不一样了。想解决一个问题，你可以上网查资料，还可以找朋友，借助家里的关系，甚至有人手把手地教你解答难题。只要你手里资源足够，想用什么就可以用什么，这都是完全没问题的。当你没有资源而别人有资源的时候，形势可就完全不一样了，你几乎就是单方面地被虐了。

这时候，很多小镇做题家的困境就来了。他们从小到大就被家长灌输一个理念，你不要管其他事情，只要好好读书，考上大学就能改变自己的命运。付出就有收获，努力就有未来，搞好学习就有光明的前途，这是他们听了十几二十年的东西。

这些小地方考出来的人家境平平，靠着读书进入名校，在整个学生时代体会到的校园规则，也都是努力就能取得好分数，他们相信努力就有回报。大学毕业后，他们却发现事情并不是这样的，比如找工作的时候，和成绩好相比，可能家里的资源更重要。

当他们走向社会，发现社会并不是按照读书努力程度和优秀程度给他们相应的回报。这些出身小城镇、埋头苦读、擅长应试、渴望通过教育改变命运但缺乏一定视野和资源的青年学子，难免感到迷茫和痛苦。

很多国内一流高校的在校生或者毕业生，从家乡小城市进入名牌大学，却在大学的学习、恋爱、求职等方面屡屡受挫，于是便处于迷茫困顿之中。

三、学历是普通人的敲门砖

有人说学历是一块敲门砖，这话也对，也不对，应该说学历是普通人唯一的敲门砖。

对某些人来说，学历不过是口袋里的一块砖罢了，万一这块砖没起什么作用，从口袋里再拿块砖就得了。

一个人的口袋里有几块砖，在处于成熟稳态的社会里，主要取决于父母的资源和积累，因为父母的资源本身就是孩子资源的一部分。这些父辈积累的关系和资源，本身也是可以拿来交换的货币。

在社会上，比血缘关系还要稳定的，就是利益互换。社会运行的底层规律，也是遵循等价交换的原则。

只要父母的资源和影响力还在，还有可供交换的东西在，这种家庭的孩子混得再差也有人托底。

以前总有人喜欢说我国是关系社会，其实全世界都一样。在欧美国家，一个孩子能不能上好大学，关键是看他的家庭条件、父母毕业的学校、谁写的推荐信。美国有句话叫“一代藤校，代代藤校”。

“优先录取校友”已经成为美国常青藤名校的潜规则，因为校友之间是有文化认同的，所谓同气连枝，代代相传。在自己的能力范围内，相互帮衬圈子里的下一代，这在全世界都一样，更不用说捐款入学这种事，那更是欧美有钱人的玩法。

美国名校的校友捐赠，是学校资金最主要的来源。大学那么棒，得以延续至今，维护需要很多钱。这些钱差不多都是校友和学生家长捐的。捐钱早就是藤校的传统，也是一件双赢的事。

在很多欧美国家，对有钱人来说，教育资源就是可以用钱买的，如果没有买到，那就是钱花得太少了。反正家里富裕不差钱，与其收买考官，不如直接大大方方给学校捐一笔巨款，拱手送孩子一个锦绣前程。

在欧美国家，上层社会的财产、人脉、社会地位，都可以通过这种模式无限向下复制，代代相传直到永远。普通人家的孩子，很难得到这样的资源支持，万事都得自己摸索。

中国的教育比欧美要公平，但是小镇做题家在学校毕业，走上社会以后，就要面对和学校完全不一样的竞争，要面对各种意想不到的情况，因为父母的资源本身不太够，见识也不够，更没什么能和人交换的东西，所以攀爬之路更加艰难。

有时候看到家长们“鸡娃[①]”的焦虑，也真觉得他们病急乱投医没什么错。普通人家里没有矿，父母没资源，不得不去参加残酷的升学竞争。

四、小镇做题家的迷茫

对多数人来说，读书是为了学习一门可以谋生的专业技能，读书只是实现这一目标的手段之一。

这也是为什么我们会说，读书的时候一定要注意，不要掉进高学历低收入的坑里。然而学校的考卷，考的是书本里的知识，不管怎么出题，都不会出到书本之外的知识。

工作以后，考卷是你的人生，这时候考的是你在看不到明确范围和规则的社会中出人头地的能力。很多事情没有明确的规则和玩法，想要一步步升级，有很大的运气成分。在这个阶段，每个获得成功的孩子，本质上就是在社会的无限博弈中胜出的

① “鸡娃”是网络流行词，指的是父母给孩子“打鸡血”，为了孩子能读好学校、考出好成绩，不断给孩子安排学习任务和课外活动，不停地让孩子去拼搏的行为。

那个。

比如想要获得不错的收入，你先要在能力过关的情况下，步入一个处在上升期的行业。选择行业的时候，就需要一个有经验的人来指导。小镇做题家的父母没有足够的阅历，也没有相应的资源，指导不了孩子，孩子只能闭眼盲选。

如果孩子恰好进了还不错的行业，获得了还不错的岗位，其发展前景还要看能不能得到领导的赏识。就算遇到赏识自己的领导，还要看领导是否能升上去，因为只有领导升职了，他才能更好地带着你一起往前冲。

可以说，一个人只有"七颗龙珠"都集齐了，才能获得上升的机会。要是中间少了哪个环节，就意味着几年的时间几乎都付诸东流了。

从学校进入社会以后，不会有人给你教材，也没有什么标准答案，一切都要靠自己摸索和家人言传身教。

每个人做了父母以后，都会把自己过往的成功经验传授给子女。

靠读书改变命运的父母，会告诉孩子读书和考试的重要性。

靠做生意赚到钱的父母，会给孩子传授自己做生意的经验。

靠人脉关系成功的父母，会告诉孩子维护人脉关系的重要性。

小镇做题家的父母通常只能告诉孩子，好好工作，要听领导的话，因为这些父母自己也没什么相关的社会经验。

大多数小镇做题家，由于起点比较低，获取信息的渠道有限，身边又没人指路，所以总会在信息不对称的情况下，被外界引导去关注那些低价值的目标，并为之奋斗。比如网上很多天坑专业、冷门专业，往往也是小镇做题家的聚集地。

农村和小县城毕业的高中生，很多是很聪明的，辛辛苦苦读书，终于考上985高校，最终却因为信息闭塞选了一个边缘专业，最后只能是毕业就转行或者考研再转行。

职场上有很多新人的上司，总是喜欢给单纯的小镇做题家洗脑，要他们多干活少拿钱，或者教导农村大学毕业生要把吃苦耐劳、任劳任怨当成是自己的特长和美德。

很多上司也会营造竞争环境，让小镇做题家及其周围的人都朝一个方向努力，有不同意见的人会不断怀疑自己。很多上司还可以利用权威的身份，通过社会地位、年龄和资源的差距，对他们谆谆教导，甚至打感情牌。几招下来，涉世未深的年轻人大多会掉到坑里去，一晃就浪费了几年的时间。

以前总听很多人说小镇做题家高分低能，只会考试。这是非常荒诞的说法，压根儿没什么高分低能这回事。除了少数自身性格有缺陷的，大多数人本质上是因为信息和资源不对称，导致选择出了问题。

比如有些人可能前期就选错了行业，从入行开始就步入下行期。即使选对了行业的，也有可能遇到自私自利的领导，影响其发展。

还有就是这两年的社会大环境，已经和以前完全不一样了，以前的经验也需要修正。

以前，社会关系和资源的原始积累尚未完成，大学刚刚开始扩招，人们常常看到考上大学的小镇做题家凭借自己的文凭，进入让人羡慕的工作岗位，实现了阶层的跨越。如今社会资本积累和大学扩招已经完成，大学生的数量庞大，实际情况已经发生了很大变化。

现在即使你想要进入一所好的中学做一名老师，也会有很多清华、北大的毕业生抢在你前面。这在以前是难以想象的。

如今，小镇做题家再也无法仅凭一纸文凭进入他们前辈所说的那种好单位了，上升机会也比以前少了很多。

当下，小镇做题家和很多普通中产家庭的孩子面临的问题其实也都差不多。

很多的小镇家族当初觉得孩子能考进一本或者双一流就很了不起了。等孩子毕业以后他们才发现，孩子未来的路依然很迷茫，无非两个选择，要么继续考研考公，吃二茬苦；要么挤破头去金融、互联网这几个高薪行业，每天加班加点，熬个十年八年，但到35岁可能就面临失业的压力。

在这种越发内卷的背景下，小镇做题家想要突破天花板，势必会更加艰难。

每次面临人生选择的时候，小镇做题家都必须做出准确的判断，再加上运气好，才能突出重围。由于他们自身条件和资源限制，如果他们选错了，几乎没有什么容错空间来做修正，你说难度有多大？

回顾历史，小镇做题家的黄金时代可能是21世纪初的那十几年。那时候他们可以单靠做题，就能获得社会中上水平的财富和社会地位。

之前或之后，单靠做题都很难突出重围。之前的20世纪八九十年代，靠的是下海经商来突破自身的阶层；之后可能靠的是继承不动产、搞文体项目和抓住未来风口才能获得理想的生活。

尾　声

有人要问了，说了这么多又没什么解决办法，没有解决办法不就变成在贩卖焦虑吗？

我确实没什么解决办法。

作为一个普通中产家庭出生、过往运气比较好的孩子，我只能给大家讲点儿自己的心得体会。

一、由于个人条件和家庭积累的不同，我们必须承认人与人之间的资源、禀赋的差异。因此，按自己的节奏生活更为重要，没有必要非要跟那些本来就拥有丰富资源的人去比较，这会让你非常痛苦。

二、根据自身的条件，先做好手里现有的事，再考虑怎么突破和发展。那些暂时不如人的地方，继续努力和挣扎，梦想总是要有的，万一实现了呢！

我认为，上面两条是与自己和解最大的奥秘，而不要有“算了、不做了、认命了”的态度。出身普通，就不能有认命的一天。认清生活的真相，依然要热爱生活。

三、早点儿尝试做一些副业，从小事做起，创造额外收入是非常重要的。到了一定年纪以后，打工的职业生涯主要是给你提供社交名片和资源机会，赚的钱很难有增长。

四、不要和那些总向你描述大环境不好、工作不愉快，自己却不愿做出任何改变的人在一起；要和那些总是在夹缝里寻找机会，遇到问题积极解决的人在一起，你会感受到完全不同的积极情绪和氛围。

周围的朋友能带给你积极向上的心理和赚钱的氛围。周围的人都跑起来了，你也会情不自禁地跟着跑；周围的人背都挺直了，你也不会驼着背。

如果一个人的周围状况都很差，那么这些人无论眼界还是看问题的方式，都很可能出了问题。和这些人在一起，往往得到的不是负能量就是蠢主意。要远离这些负能量的人，努力进入优质圈子。

五、努力加入优质的人脉圈。如果周围没有优秀的人，就要努力去寻找他们，加入优秀人的圈子，网络也是加入优质人脉圈的渠道，而努力进入优质圈子的关键是你能给大家带来价值。毕竟对很多圈子而言，真不缺你那点儿钱，也不缺你那点儿资源。可能你的口碑、专业度对他们而言更重要。

现在寻找志同道合的人，早就不用局限在现实生活的小圈子了。要知道我当初能坚持把公号写下来，就是因为写文章输出的同时，也认识了很多优秀的人。输出的本质就是把你的思路散发出去，从而吸引和自己气味相投的人。

六、人生的本质和股票投资非常像，大部分时间都是在漫长的横盘中磨炼你的性子。后面真的涨起来的时候，可能真没几个月时间，就已经非常惊人了。所以，机会没来的时候不要焦虑，努力的同时多点儿耐心等待。

到底什么样的工作才是好工作

有个小伙伴和我讨论了一个话题：到底什么样的工作才是真正的好工作？可能很多人没有想过这个问题，我工作不久后就想过。

这里就说说我自己的想法，权当抛砖引玉，看看能不能给大家一点儿启迪。

我认为好工作的标准有两个：一个是职业生涯相对稳定，收入水平在某个地方相对也比较高；另一个是可以积累资源和生产资料，而不是简单地重复劳动，拿时间换钱。

好工作的第一个特点是稳定。稳定是很难的。每隔十年就会有一个大浪潮，前十年你的工作看起来很稳定，并不代表十年之后你所在的这个行业依然稳定。

20世纪80年代大家觉得进工厂稳定，结果90年代大批工人下岗。2000年，大家觉得外企稳定、福利好，十几年后，外企已经开始走下坡路。之前那些在外企上班，现如今已经四五十岁的中年人，不少也开始步入失业大军。他们在这个年纪失业，再想找工作，除了跑滴滴、送外卖、卖保险，似乎没有其他太好的选择。

目前来看，稳定的工作就是公务员，不过公务员的收入是和当地的财政相关的。

好工作的第二个特点就是可积累。多数工作是没什么可积累性的，几乎就是简单重复地消耗时间。

如果一个行业大部分人在有了十年经验以后，再次参与求职竞争的时候，还会被刚毕业的但是有更高学历背景的应届生取代，那么这个行业就是缺少可积累性的行业。

以我熟悉的互联网和金融行业来说，金融行业就比互联网行业更有可积累性。从某种意义上来看，现在互联网大厂里面的大部分人，目前都有螺丝钉化的倾向。比如一个业务市场部门，就能分出传播、品牌、执行、媒介几个细分部门，甚至在媒介里面还会分出负责长视频、短视频和图文的工种。

互联网行业是一个高度分工、高度专业的行业。

当然，并不能说互联网行业就无法进行积累。如果你是技术专家，就能够进行技术积累，但是互联网行业的机会还是比较少，能不能积累，完全要靠程序员的能力和天赋，不是一般程序员能做到的。

互联网行业技术迭代比较快，一旦选错了赛道，前面积累的技术可能就毫无价值了。比如诺基亚是手机霸主的时候，你一直在塞班技术领域耕耘，突然大家都去用安卓了，那么，你之前积累的塞班技术就没有价值了。

当然，有读者说我这个例子不太严谨。如果是做应用层技术的人选错了赛道，当系统技术改变了，他在技术方面的积累固然就没有价值了，但是如果他是开发塞班系统或者安卓系统的程序员，在系统层有研究（比如游戏开发、性能优化）的话，当他掌握了底层逻辑和技术时，就能够以不变应万变。因为不同的开发技术是有共通之处的，都是新瓶装旧酒。比如20世纪80年代流行的面向对象的编程思想，最近才开始转变为函数式的编程思想，或者Flash①死了，但它的语法等仍然存在。

①Flash是MACROMEDIA公司于1999年6月推出的网页动画设计软件。它是一种交互式动画设计工具，可以将音乐、声效、动画以及富有新意的界面融合在一起，以制作出高品质的网页动态效果。

如果不能依靠技术积累，那就只能靠人脉积累了。不过，想要在互联网行业有点儿人脉积累，不做到高层是很难做到的。中层都不行，中层更多的资源来自平台。离开平台，他们手里就没有什么资源了，也谈不上什么人脉了。

金融行业虽然也很卷，但是在金融行业容易积累到资源和技术，前提就是你至少要做到中层。至于能不能做得到，除了自身能力，还与背景和资源高度相关。这些往往超出了个人努力的范畴，这也是金融行业VIP特别多的原因之一，就是因为家庭背景。

不过这里说的金融行业，至少是一线城市大券商投行总部、公募基金、保险资管里面的投资和研究岗位。只有在这些岗位上积累的人脉、资源和知识，才能有一部分留在你自己手里。

所以我们才看到，很多投行人可以转行FA（财务顾问）或者VC（风险投资），公募可以转行私募或者财富管理，而银行柜员、保险代理人、券商客户经理，或者是其他中后台部门的人，却很难有这样的机会。这些岗位虽然也在金融行业里面，但是跟金融行业关系不大，有点儿像互联网公司的行政人员，这些岗位大部分没有积累可言。

如果金融行业的客户经理自身能力强，能服务好几个大客户，这些客户经理可能能多积累一些人脉，但也好不到哪儿去。可以说这些金融服务岗位，更像是服务业有底薪的工作，也像互联网行业具有螺丝钉属性的工作。

这种情况并不局限于金融行业或者互联网行业，其他行业也是如此，甚至可以说，你的工作是资源积累型还是消耗型，决定了你职业生涯的后半程。

说到如何判断做一件事是积累型还是消耗型，就不得不提一下我出书的事情。最早我其实是不怎么想出版纸质书的，因为觉得完全没必要，会浪费我很多时间，但是编辑的一番话最终打动了我。他说我看过你的每一篇文章，我个人觉得很有用。另外出书对你来说也是很有价值的事情，原因有以下两个方面：

一方面，实体书的编辑会把你写过的文章整理得更系统，更系统的内容能帮助更多的人。毕竟你讲了很多关于如何选择的问题，多数人其实到了那个阶段都很迷茫的，可以给他们做参考。

另一方面，把你的文字变成实体书，对你也是有很大帮助的。实体书有一个长尾效应，只需要做一次工作，它就能不断扩大和积累受众。

你写的很多东西，是挖掘事物的底层逻辑，而不是表象的东西。这些逻辑会在未来无数次地重复被验证，也会被认可这个底层逻辑的人到处推荐。实体书出版以后，可以连接更多不读电子书的人，这期间说不定能结识到你未来的合作伙伴。虽然卖一本书确实赚不了多少钱，但是可以在人生某个阶段留下一些值得纪念的东西。

编辑让我明白了，出版图书对我来说是具有积累价值的事情，最终他讲的这番话成功打动了我。

走过你来时的路

在投机和赌博界，都有被捧到天上的人物。前者是杰西·利弗莫尔，后者是斯图恩嘉。

很多炒股的人虽然不知道斯图恩嘉，但是多数应该看过那本《股票大作手回忆录》。

不少人应该也花过不少时间去研究杰西·利弗莫尔这个投机之王的成功之道。

杰西·利弗莫尔前期确实非常厉害，取得的成就可以说前无古人。1929年大萧条那次股灾的做空，他赚到了1亿美元，那可是1929年，1亿美元是什么概念，那时候美国的GDP才100亿美元。假如一个国家的GDP是100万亿元，那么这个人相当于一年赚了10000亿元。

当然，做空以后利弗莫尔走上了人生巅峰，可以说在投机界受万人敬仰。后面这老兄的遭遇却非常让人唏嘘，因为在大萧条的股市不断下跌中，不断做多抄底，最终耗尽了手中的资金，1933年，他赔光了手里的钱。1934年利弗莫尔申请破产，最终在1940年饮弹自尽。

如果说利弗莫尔是投机之王，那么斯图恩嘉就是赌博之王。应该说这位老哥在赌博界的地位，和利弗莫尔在投机界的地位差不多。

两人的人生经历其实也差不多，都是跌宕起伏，而且和利弗莫尔一样，斯图恩嘉也在自己擅长的领域冲到无人能及的高度。斯图恩嘉也是在达到高光时刻之后，从高处重重跌落，最后因吸毒过量死亡。

发生这种情况的根本原因，和投机之王利弗莫尔一样，也是赌性过大。

可以说，技术上这两个人都无可挑剔，都是神一样的人物，远远超出了他们所在的时代，但最终都因为赌性过大，脱离了资金管理和情绪控制，给自己酿成了灾难。

其实，如果每个人都从事这行，那么都会不可避免地和自己的人性做斗争，也会走过斯图恩嘉和李佛摩尔来时的路。

从开始做投资这行开始，我的启蒙老师就告诉我，风险管理是投资或者说投机里面最重要的要素。如果风险管理这个最关键的点你自己没法过关，那么其他技术再厉害，最终也会被反噬。

当时这位让人尊敬的启蒙老师，也曾经提到上面我们讲的两个案例。他说这类案例本来应该作为反面教材来警示入行的新人，但非常搞笑的是，他们却被很多行业内的人当作榜样，用来吸引新人。

很多人只看到了他们成功的时候有多风光，却没看到他们失败的时候日子过得有多惨。

以前总听人说什么“年轻就要搏一搏，单车变摩托”，这话确实没什么错。

当你手里钱不多，人很年轻的时候，还是要有点儿冒险精神的，不搏的话单车变不了摩托。

毕竟多数人想要自己的人生过得好一点儿，无非也就是几条路径，这些路径多数都是要有点儿冒险精神的。比如一条路径是抓风口，过去十年大家熟悉的风口有移动互联网、跨境电商以及最近两年的抖音。

再比如另一条路径是有勇有谋敢于冒险。比如我推荐过很多次的《一个农民的亿万传奇》里面的傅海棠，就是一个典型。傅海棠经历了很多次失败，但是他一遍遍总结经验不放弃，摸索出了自己的路。当然，这条路径风险很大，会有一夜归零的可能性，对多数人来说，这并不是一条适合的路。

还有条稳妥的路径，就是不断提升自己的技术，积累自己的口碑。这可能是多数普通人能走的路，也是能走通的路。

如果你不想走第三条稳妥的路，通过慢慢积累口碑改善生活，对抓风口也不敏感，能选择的方向无非就是做投资或者投机交易。

如果你选择搏一搏，由于你不可能有利弗莫尔和斯图恩嘉这类天才的心态和技术，所以要时刻记住投资或者投机需要面对的风险，而且起码要注意以下几个方面：

首先是要学会做好资金管理，不去搞什么孤注一掷，同时要找到适合自己性格的交易方法。因为所有方法都要和使用者的性格匹配，适合别人的方法不一定适合你。

另外就是不过早地左侧交易[①]，事情不符合预期，要做条止损线。最重要的一点是，做好资金管理的同时，剖析自己的性格，找到适合自己的交易方法。

最后是在寻找适合自己交易方法的同时，还需要总结问题和过往的错误，吸取之前失败的教训。从心态的角度来说，总结问题的同时，要淡定地看待每一次结果，因为结果是必然路上的偶然。

不管你是做投机还是做投资，只要能做到上面几点，长期胜率就比较高。

不过，这种搏一搏只适合年轻又没太多资本积累的人。当你有了一些积累，年纪又大一点儿的时候，就不能这么搞了。因为随着年龄的增长，你的风险偏好应该适时地降低了，也没必要像年轻时候一样，每次都下大注去搏了。

等年纪和积累上来，就算是你想搏，也是用过往积累的一部

① 左侧交易又称逆势交易，为股市常用语，就是在市场趋势或小惯性休止，或暂停时入场，做与原趋势或惯性方向相反的交易。

分去搏，一击不中就要考虑怎么全身而退。这时候更需要注意的事情就是风险控制。

这个道理其实不管你是做实业还是做投资，本质上是一样的，并没有什么差别。

拿实业来说，很多老板倒闭破产，就是因为焦虑引发的冲动，之后就是加杠杆投资导致破产。

为什么要加这么大的杠杆呢？因为隔壁二狗子原来的日子过得还不如你，现在赚得比你多，你就因此受刺激开始冲动负债搞跨界投资或者盲目上规模，然后就是一生心血付之东流。

这个道理在投资或者投机上也是适用的。很多人盲目冲动地上杠杆，又没有相应的对策和及时止损，最终导致一败涂地。更无奈的是，很多人在回头复盘做总结的时候，还没有发现问题到底出在哪儿。比如实业里面很典型的例子是房地产，很多房地产投资的老板会在房子最好卖的时候加杠杆拿地，然后在后面的调控中，逐渐耗尽自己的现金流。

刚刚体会了过去的辉煌，就马上又要跌落到谷底。过往每轮房地产宽松和紧缩周期时，都有这样的例子。

其实正确的操作恰恰是应该反过来的，但是大多数人不会这么做。比如一些高杠杆的投资人，会去讨论技术面、基本面等各种面的问题，这是非常好笑的。他们根本没有考虑到在资金高杠杆的背景下，获胜最重要的决定因素是什么。

如果你的杠杆倍数很大，那么任何技术面、基本面都比不上出场和入场的时机重要。你的杠杆率越低，甚至不加杠杆的时候，越应该去研究基本面，因为这时候研究基本面性价比很高。

当你的杠杆资金很高的时候，更应该研究的是出入场时机，一旦发现情况不对就赶紧撤出，绝对不能扛着。如果你是做100倍杠杆的外汇，哪怕你是美联储主席鲍威尔，也会因为时机没把握好而一败涂地。

对多数人来说，其实一生富一次就够了，所以当你的年纪和积累上来以后，就要把控制风险放在第一位。你可以放慢自己获取收益的速度，一定不能在完成积累以后因为自己赌性过大而返贫。

还挺让人心酸的

一

某一天我看了一篇文章，看完觉得挺心酸的，感觉现在有些孩子比较叛逆，家长也更难做了。

这篇文章讲的是一个家长在下午上班的时候，收到了班主任发来的消息。

班主任说："通常班里每周都有一次英文默写，开学很长时间了，你家孩子从开学以来，就没有一次英语默写的正确率超过50%的，孩子英语默写的水平确实太差了。"

班主任还叮嘱家长说："你在家要盯紧点儿孩子的英语学习，这样下去是不行的。孩子如果不肯在背单词上下功夫，时间长了就跟不上，和别人拉开距离了。”

晚上回家以后，家长问孩子：“为什么不背单词呢？”

孩子说：“单词太多、太难了，根本记不住。”

家长又问：“那×××同学为什么每次默写都能拿九十多分，你怎么就不行呢？”

孩子说：“那是因为他们家给她补课到位。咱们家这条件跟不上，不行不是正常的吗？”

家长一听就怒了，说：“你平时连最基础的单词都不会读，背又背不下来，还补个什么课？”

孩子听完撇了撇嘴，说：“人家×××可是幼儿园的时候就请外教了。她爸妈从她小的时候就带她一起看原版动画片，人家厉害不是正常吗？我就不一样了，除了课堂听老师讲，其他什么机会也没有，学习能比人家强才怪呢！我成绩比不过人家，还不是因为家长创造的条件不行吗？”

家长听完以后就更生气了，问：“这就是你不好好学习的理由？是不是还得送你出国上夏令营啊？”

孩子听完这句话接得更快了，说：“那你倒是送啊！别一天到晚光说不练，都是假把式。”

家长说他听完孩子的回答，血压都飙升起来了。要不是孩子姥姥拦着，就要动手揍她了。

在这次聊完天以后，家长就给孩子立了规矩。首先最基础的是把学校学的单词和课文背下来。

孩子每天回家必须默写十个单词，早上公布单词表，晚上回家就要默写，错一个也要受惩罚。家长每周和老师沟通一次，另外，家长也在生活习惯上给孩子立了两个规矩。

第一，禁止孩子看各种形式的短视频。

第二，未经允许，禁止使用任何电子产品，包括电视、手机、平板、电脑等。

二

通过这件事，我发现现在的家长和孩子好像都不太容易。家长觉得是因为孩子自己不努力，最基础的东西都没有学好。孩子的理由则是家庭条件不行，资源不到位。

更有意思的是，文章下面的评论大多是一边倒地谴责家长不会沟通只会打孩子，还是别当家长了。

有的网友评论说："你做家长的给了孩子什么资源呢？龙生龙凤生凤，自己不是龙凤却要求孩子一飞冲天。你拿别人家的孩子跟自己的孩子比，你的孩子拿别人家的资源和你家的资源比，这不是很正常吗？别人家的家长之所以有资源，是因为别人家的家长比你更努力，你说孩子不努力的时候，看到别人家的家长努力了吗？"

还有网友评论说："不会教育、不会沟通就不要生孩子了，给孩子创造不了条件，还要求那么多。当家长不用考试真的太可怕了，为什么这么努力地让孩子努力，自己却不努力，还不如自己好好努力，孩子学习不好就不反思自己吗？"

网友从各种角度讲了一大堆谴责家长的话，看得让人头昏脑涨。

三

我也认为，做家长的应该多做点儿努力，这样才能为自己，也为下一代稍微积累点儿资源。因为相比未来十年、二十年的不确定性，现在这个阶段更容易做积累。家长多一点儿积累，孩子将来的压力就没有那么大，活得也可以相对轻松点儿。

不过，看完该文章的评论，我才发现现在网友对家长的要求居然这么高了。暂且不提家庭条件的差异，如果孩子懒到最基础的单词都不背，还能归因于家里条件不行没有补课，这就让人难以理解了。而且网友在这件事情上居然带着情绪一边倒，也是我没有想到的，只能说时代变了。

家里有叛逆的小孩还是让家长挺无奈的。不管你怎么说，他都不听；不管你用什么教育方式，孩子还是该怎么样就怎么样，能给你找出各种理由来。

当年我就读的中学还不错，那时候成绩也还算可以，对读书也算有点儿经验。从我过往的受教育经历来看，读书一方面是需要点儿天赋，另一方面是需要下点儿功夫。

学习数学、物理这类学科是需要理解力的，理解力不够的话是很难学好。比如说高考的最后一道大题，就是拉开大家分数层级的，天赋一般的很可能做不出来。

但是学习英文就不一样了，我的英文还可以，我不理解小学英文背单词这件事要什么家教，这不就是个死记硬背的活吗?

别说小学英文那点儿东西了，就是高中想要学好英文，也是先要在背单词上下笨功夫。

高考的时候你的英文水平怎么样，阅读理解怎么样，和你的词汇量关系很大，词汇量达到三千以上就能考出不错的成绩。

不知道为什么这么简单的一件事，该文章的评论区却能吵得不可开交，最后变成家庭条件不行到底该不该生孩子的讨论。

四

看该文章的时候，我突然想起了有一次去做足疗的时候，里面一位做足浴的大姐说的话。这位大姐在某个中部省会城市的足浴店工作，家在距离省会城市200公里之外的县城。因为外地孩子没办法在省会城市办学籍，她家的孩子三年级之前是在老家县里的学校上学的。

按这位大姐的说法，他们老家的学校每天没什么作业，上课好像也没学到什么东西。再加上孩子是留守儿童，家里老人也不懂怎么教育，所以孩子在三年级之前根本没学到什么。

后来这位大姐认识了一个熟人，帮她把孩子从老家接来，并送进了附近不错的外国语小学。

孩子来了以后，很难跟上外国语小学的课程。因为之前没学好，学习基础不行，而且学习习惯也不好，所以大姐没办法，为了让孩子能跟上，只能请了不同科目的家教，每个周末给孩子补课。

以大姐的收入水平来看，请家教还是负担挺重的，每次去补课，都要花几百块钱。

大姐调侃说："我每个月起早贪黑在这边打工，赚的钱还不够给孩子补课呢。但我不是也和孩子的爸爸说嘛，让孩子多学点儿文化，以后不要像咱每天靠体力赚钱，日子过得太苦了。"

我为什么想起这位大姐的孩子读书的事情呢？因为后来这位大姐家孩子说的话，让我大跌眼镜，跟前面那个孩子说的话差不多。

五

大姐辛苦工作，攒了钱以后给孩子转学补课，把孩子转到省城里一所不错的小学。可孩子来了外国语学校之后跟不上，补了挺长一段时间的课，也花了不少钱，但成绩也没见提升多少。

终于有一天大姐有点儿着急了，就和孩子说：“孩子你多用点儿功读书吧。你看爹妈这么辛苦赚钱送你读书，不就是希望你能多学点儿文化，不要像我们一样靠体力谋生，过得这么辛苦！”

结果孩子的回答差点儿把大姐气晕了，他说：“你快别说这种话，我读书不好能怨我吗？龙生龙凤生凤，老鼠的儿子会打洞。你俩就不是读书的料，我能是读书的料？我也没让你花钱给我补课。你看看我们同学家里什么条件，咱们家什么条件。你们自己都赶不上人家家长，还指望我能赶上人家的孩子，根本就不可能！”

大姐对我说：“我自己也没文化，也说不过我家孩子，咱做父母的没什么本事，这所学校里的很多家长都很厉害，孩子心理不平衡也是正常的，但是听了孩子的话，心里还是挺难过的。”

听了大姐的讲述，我总觉得这些话怎么听都不像个三年级小朋友说出来的。我想了想自己三年级的时候，哪会说这种话啊？所以我问大姐："你家孩子这套说辞都是从哪儿学的？"

大姐说："看短视频学的啊，他每天刷的短视频里面，有不少是讲这些东西的。孩子看了几个这种短视频之后，手机上面就一直给他推送类似的东西。看多了以后，训起来我们夫妻俩是一套一套的，我们也说不过他。再加上咱家里条件差，确实是没这个学校的很多家庭好，所以也觉得孩子说的没什么错，也就没反驳他。"

听完大姐的故事，我很想和她说："等你孩子读书出来的时候，白领工作的就业情况可能并不会像你想的那样。因为经济增速放缓以后，就业岗位就少了，可能那时候，白领找工作还不如蓝领容易呢。"

不过想了想，最终还是忍住没说，毕竟这也算人家一直在努力的方向和希望。一方面打破人家的希望不太好，另一方面感觉大姐也就是随便吐个槽，我作为陌生人也没必要讲那么多。

六

以前我在一篇文章中讲过，未来随着社会经济发展速度变慢，整个社会能提供的工作机会变少是很有可能的。

文凭这东西在海量供应，多数人都跑去搞单纯的同质化教育军备竞赛，未来用处能有多大呢？未来拼的是家长的能力和社会资源。如果你不能提供合适的资源支持，只能寄希望于变异，孩子出生就是天生的“牛娃[①]”。

既然经济增速慢下来，机会少了，那就心态放平和一点儿。家里有孩子的，如果想要激励孩子，稍微激励一下就行，没必要太过用力。因为未来经济增速逐步放缓以后，未来的就业岗位增量和就业形势如何，我们是大致看得到的。

所以在孩子成长的过程中，身心健康和家庭和睦是最重要的，小孩子多考几十分又能怎么样呢？“鸡娃”不过是通过重复练习，提高孩子的应试水平，让孩子在18岁的时候跨过基础的门槛考个985学校，之后找个很普通的工作。

---

① “牛娃”是网络流行词，指学习能力很强的孩子，也指其一方面或多个方面非常优秀的孩子。

如果一个人从小就始终保持高压状态，一直被打鸡血，不能好好地看世界，而在此期间，家庭关系又搞得很紧张，努力半天，最终也没办法获得自己想要的结果。那么折腾半天又是为了什么?

未来多数人读大学都会变成消费，在这件事情上花太多精力，已经没有太大的必要了。

家长们没有必要过于纠结结果，更应该重视的是孩子的成长的过程。帮孩子培养一个良好的生活和学习习惯，认真把这件事情做好了就行。至于结果怎么样，别太苛求，差不多也就行了。

家长们与其拼命“鸡娃”，还不如仔细想想，自己能给孩子传承点儿什么，还有怎么让孩子40岁后不惧失业。比如，教给孩子一个谋生技能，培养孩子健全的人格，给孩子留一些可以继承的财产，学一些投资方法……这些就是当代家长不错的选择。家长更应该从生存这个方面思考，看看是不是在这方面有什么更适合自家娃的道路。

当然，这也只是个人看法，不一定适合每个人或者家庭，写出来也仅供大家参考。

吃力还不讨好

每个人都应该学习一下怎么沟通和表达，因为这是人一生中的重要技能。

有的人真的心地很善良，没什么坏心眼儿，做事也是勤勤恳恳的。有时候他说的话本来明明是出于好心，但是话从他嘴里说出来味道就变了，怎么都不招身边人和领导喜欢。大家看看下面这段对话就明白了。

有个人请朋友们吃饭，有俩人晚到了。主人就说：“怎么该来的还没来？”说者无心，听者有意。来了的这些人就想：“那我们是不该来的？”然后有几个人就悄悄走了。主人发现有人悄悄走了，又有点儿着急了，又说：“你看不该走的又走了。”剩下的人听了这话也不舒服，心想：“那我们是该走的了。”于是，剩下的人也都走了。

在现实生活中，不会表达的人其实有很多，甚至有些人说话的时候，还总是带着挖苦、讽刺的语气和情绪。也就是说，这种人不仅没办法客观平静地把自己的意思表达清楚，还常常表现出一种攻击性。

这种人没有意识到，这样表达会让沟通难以顺畅，而且会让对方丧失表达欲。尤其是当对方感知能力没那么强，没办法消化或者接住这些带有攻击性的话时，就会引发很多矛盾。引发了矛盾之后，这种人会觉得莫名其妙，因为他并没有意识到自己语气中的攻击性。

说话有攻击性而不自知，造成的结果就是难以获得和睦的家庭关系以及良好的人际关系。很多人不会说话的毛病，是从父母那代人传下来的，因为父母在家怎么交流表达，孩子往往也会有样学样。孩子长大了以后，如果环境和氛围没有出现改善，那么在他组建了家庭后，平时的家庭氛围往往也会如此。

很多人不大喜欢和父母一辈的人聊天，因为他们觉得实在难以平和地交流。比如说家人一起吃饭的时候，明明是很好的交流时机，大家都会聊各种话题，但往往会因不会表达而闹得以不愉快收场。

有个朋友在和家人吃饭的时候聊起了老龄化和养老金的事情，可话题刚开始，他父亲一句话就把他直接顶上了南墙。他父亲说："这事和我们退休的有什么关系，反正国家要管我们一辈子，瞎操这种心累不累！"

一家人坐在一起吃饭聊天，本来就图个轻松，各自分享一下各自的见闻和新鲜事，被他父亲这么一说，大家就不再说什么了。

实事求是地讲，退休的老人确实不需要考虑老龄化之类的事情，但是没退休的年轻人还是要考虑的。他父亲说完这些话，自己觉得没什么，但是他说完以后，年轻人就不想和他继续聊下去了。

很多父母就像这个朋友的父亲一样，总是弄得大家无话可说，但往往很多父母还会觉得孩子不愿意和他们沟通正儿八经的事情，只说点儿不痛不痒的话。

很多人就像这个朋友的父亲，没办法消化你说的事情，还总是打断你喜欢的话题，没什么倾听的耐心。

这就是说话技巧的问题，他们没什么恶意，但是你听完他们的话就会完全失去了继续说下去的欲望。

生活里有不少人也是这样，就连正常说话的时候感觉也像吵架，不噎对方几句好像就觉得没意思。

顺畅的表达和沟通这类生活与社交必备的基本技能，真的是非常有用，只不过大多数家长都不会教孩子，因为家长自己也不会。很多家长自己表现出来的，就是各种稀奇古怪的言传身教，孩子受家长影响，有样学样。

为什么很多人在沟通的时候，就是不能用对方听着舒服的方式和语言表达自己的观点，非要噎着对方说话呢？这是因为他们从小生长的家庭环境就是这样，从小到大耳濡目染，根本不会正常沟通表达。很多人在沟通过程中不是在寻求解决问题，而是只顾自己发泄情绪，最终让冲突变得越发激烈。

沟通最重要的前提就是学会倾听，只这一点多数人就很难做到。

为什么学会倾听很重要呢？因为通常一个人和你说话的时候，他的表达里面会包含情绪、事实和自身的期待三个要素。

沟通的时候，首先要确认对方的情绪，再把事实搞清楚，最后看看能不能用行动来解决对方的期待。把这三件事情搞清楚，并且作为沟通技巧应用到生活里面，很多难题都会迎刃而解。

如果在家里，大家说话的时候都好好交流，又会在适当的时候表达关心，那么这个家庭的关系会比较融洽。

到了工作单位，如果你在单位里会说话，再加上业绩过得去，就能胜过大多数人了。

另外，学会沟通表达，会让你的人生变得更愉悦，每天都会有个好心情。

人生是非常短暂的，我们没有必要在日常小事上不断产生摩擦或者生气。要学会平和地把事情表达清楚，在融洽的氛围里面沟通，然后把事情顺利地做了。每天都能保持愉快的心情，开开心心把日子过好，这才是你的正经事。

第三章

看懂财富逻辑，把握未来机遇

人生发财靠康波

搞投资的人应该都听过周期天王周金涛的那句名言：“人生发财靠康波。”

听过这句话的人很多，真正理解这句话的却没有多少。因为康波理论确实看起来有点复杂。而且你看到关于康波的很多书籍，都是讲理论，看起来云山雾罩的。

本文讲一下我对康波的理解，仅供大家参考，看看能不能给大家一些启迪。

一、康波是什么

康波，即所谓的康波理论，是一套经济周期理论，全称是

“康德拉季耶夫周期理论”。

这套理论是1925年苏联著名的经济学家康德拉季耶夫提出的，他研究了英、法、美、德以及世界经济的大量统计数据，发现了发达经济体中存在为期50—60年的周期，然后总结出了一套经济周期理论。

事实上，经济周期理论不止一种，按照时间长短划分，可以划分为三种理论体系，分别是周期为50—60年的康波理论、周期为15—25年的库兹涅茨周期理论，以及周期为7—10年的朱格拉周期理论。

经济周期理论	周期跨度	驱动因素
康德拉季耶夫周期	50—60年（长周期）	技术创新
库兹涅茨周期	15—25年（长周期）	房地产和建筑业兴衰
朱格拉周期	7—10年（中周期）	设备更替、资本投资

其中，朱格拉周期理论是7—10年的中周期经济理论，主要研究的是制造业的设备更替和资本投资，以及它对经济的影响。因为生产力的提升需要企业不断地对设备进行更新和再投资，设备和资本投资更替是有周期的。通常情况下，设备更替和投资高峰期的时候，经济会随之快速增长；设备投资完成的时候，经济也随之衰退。在这期间，随着设备投资的更替和波动，带来了经

济的高低起伏和波动，朱格拉周期也随之产生。

库兹涅茨周期理论是15—25年的长周期经济理论，主要研究的是房地产和建筑业的兴衰变化以及它对经济的影响。库兹涅茨周期之所以是15—25年，是因为房地产行业的需求变化跟人口的繁衍迁移息息相关。

从某种意义上来讲，库兹涅茨周期理论主要研究的是房地产和建筑业的兴衰，本质上是人口周期的兴衰。

康波周期理论是50—60年的长周期经济理论，主要研究的是技术创新对经济的驱动。生产力决定生产关系，而科学技术是生产力发展的源动力。过去两百年的历史进步，主要就是靠科学技术的发展推动生产力的突破。科技突破会带来产业、技术、组织方式全要素生产率的普遍提高。

每轮康波周期里面，我们都会看到一项或多项技术革命，引发了长达50—60年的经济发展周期。一个完整的康波周期，分为繁荣、衰退、萧条、回升四个阶段。

每个康波周期都是以创新性技术变革为起点，前面的13—20年是繁荣期。在此期间，新的技术不断地颠覆，让人眼花缭乱，经济快速发展。紧接着就进入8—10年的衰退期，这个阶段经济增速明显放缓。之后的10—15年则是萧条期，这个阶段经济缺乏增长动力。最后进入10—20年的回升期，在这期间大家都是熬时间，等待下一次重大技术创新的出现。

一个为期60年的康波周期，通常嵌套着三个房地产周期，也就是包含三个为期20年的库兹涅茨周期。

一个房地产周期又嵌套着两个固定资产的周期，也就是包含两个为期10年的朱格拉周期。

一个固定资产投资周期，即朱格拉周期，又会嵌套着三个库存周期，库存周期是为期3年的基钦周期。

二、历史上的几次康波

前面说过，康波理论是苏联著名经济学家康德拉季耶夫研究了资本主义国家经济两百多年的历史以后发现的一个规律。

事实上，人类社会的存在远不止几百年，而是有着几千年的历史了。那么为什么他只研究最近200年呢？因为在工业革命之前的几千年里，人类社会的生产力水平基本处在停滞状态，中间的变化并不大。

拿我们国家来说，一直到清朝灭亡的时候，我国还一直是一个农业社会。西方社会其实也差不多，在工业革命之前，国外的生产力水平还不如我们。要不然你以为为什么直到乾隆年间，清朝根本看不上西方？

第一次工业革命以后，人类生产力快速发展，技术驱动的康波周期也随之产生了。

如果从康波周期的角度来划分，人类目前为止经历了五次康波周期。

网上对康波周期的划分有各种说法，这里引用一下最典型的说法：

第一次康波是从1782年到1845年，英国是主导国，标志事件为纺织机和蒸汽机的发明。

第二次康波是1845年到1892年，英国是主导国，标志事件为钢铁、铁路的发展。

第三次康波是1892年到1948年，美国是主导国，标志事件为第二次工业革命引领人类进入电气化时代。

第四次康波是1948年到1991年，美国是主导国，标志事件是汽车、通信的大发展。

第五次康波是1991年至今，美国仍然是主导国，标志事件是人类进入电子信息时代。

回顾历史，我们会发现，每次康波周期都伴随着一次主要技术革命，并且在技术的驱动下，全球的经济也出现了很大的发展。

每次康波周期也会有一些新兴经济体加入资本主义经济大循环体系之中，对原有的霸主形成挑战。

第二次康波周期，新兴强国德国对英国发起了挑战。

到了第三次康波周期，美国作为新兴国家开始越发强大，并且在二战以后凭借强大的工业生产能力，成为全球的主要债权人。二战以后，美国终于取代英国成为世界霸主与全球经济的主导者，美元也取代英镑成为世界货币。

第四次康波周期，崛起的是二战以后美国扶植的日本这类制造业强国，并在1980年代对美国的汽车和半导体产业形成了挑战。

二战以后，在美国的扶植之下，日本成为这个阶段经济发展最快的国家，并且大量抢占了美国的制造业市场。但是受制于二战以后美国的政治和军事约束，日本始终无法挑战美国的金融货币霸权，最终在日美贸易战以后黯然落幕。

第五次康波周期，发展最快的是中国。

前三次康波周期，我认为是古典型康波周期。为什么说是古典型？因为当时还是金本位[①]时代，货币发行总量受到黄金数量的限制，经济容易有通缩倾向。从第四次康波开始，由于布雷顿森林体系[②]解体，人类从金本位时代正式进入信用货币时代。货币发行的限制和束缚都没有了，经济正式步入债务驱动的阶段，所以天然具有通胀的倾向。

---

① 即金本位制，指以黄金为本位币的货币制度。

② 布雷顿森林体系，指第二次世界大战以后，以美元为中心的国际货币体系。1944年7月，西方主要国家的代表在联合国国际货币金融会议上确立了该体系，因为此次会议是在美国新罕布什尔州布雷顿森林举行的，所以称为“布雷顿森林体系”。

一方面，伴随着经济发展，货币数量越来越多，整个社会的债务也越来越大。在这个背景下，如果生产力没有出现突破，整个社会的利率水平会越来越低。

康波的节奏，从美联储加息的进程里面也可以看到一些端倪。每次美联储主动加息，必然是选择一个经济还算稳定的复苏期，防止经济出现不必要的过热和通胀，并且为将来降息做准备。

三、第一次康波

康波周期的主要驱动因素是技术，所以每次技术革命带来生产力提升的时候，就会推动康波周期产生。

从第一次工业革命在英国发起以后，每次康波周期的产生基本都是这样。

第一次康波周期的计算，通常是以第一次工业革命带来生产力大幅提升为起点。因为在此之前，全球的生产力发展水平都不高，发展速度也比较缓慢。

所谓第一次工业革命，是18世纪60年代从英国发起的技术革命。这次技术革命的起点，是机器开始大量投入生产。其中的标志性事件，是蒸汽机作为动力被广泛使用。

英国的机械师约翰·凯伊在1733年发明了飞梭，大大提高了纺纱机织布的速度。到了1765年，珍妮纺纱机在英国出现，纱线的生产成本越来越便宜。

依托英国在海外开拓的殖民地，当时的纺织品只要生产出来就能卖掉。

珍妮纺纱机的出现，以及纺织品带来的巨额利润，引发了英国棉纺织业内部机器改造和技术革新的连锁反应。先是在棉纺织业出现了螺机、水力织布机这些可以提高生产效率的先进机器，之后在采煤、冶金领域等诸多工业部门，也陆续开发出各种机器。各行各业都进入到机器化生产中。

现在很多人看不起纺纱织布，认为这是低端产业。以前有个流行的说法是，纺纱织布做几百万件衬衫才能换一架飞机。

但了解了历史你就会发现，从工业革命的英国开始，之后每一个大国都是以纺织业起家的。英国就不说了，第一次工业革命最先进的纺织技术就是英国人发明的，之后又延伸到其他工业领域。后面发展起来的美国、德国、日本、韩国等国，以及我国的香港、台湾地区，早期都是靠纺织业起家的。我们国家改革开放以后，最先引进的产业也是纺织产业。现在正在搞工业化的越南、印度这些国家，也在大力发展纺织业，可以说大家起步时都走了一样的路。

机器的大量投入使用，使得工厂对动力的要求越来越高，这种需求推动了蒸汽机的发展。

在工业革命早期，机器对动力的要求不高，主要是以畜力、水力和风力为主。其中，水力驱动是最便捷的，所以英国最早的工业化企业都是沿着河边建造的。

水力确实廉价而且效率挺高，缺点是不太稳定。河水有枯水期和丰水期，冬天还会结冰。但是资本家不能因此就把生产停下来，他们会琢磨其他的驱动方式。

除了水力，还有个廉价的动力，那就是风力。风力的问题也是不稳定的，风有时候有，有时候没有；有些地方多风，有些地方几乎不刮风。不管怎么样，风力起码比骡马的效率高多了。很多80后小时候在动画片里看到的那些磨坊，大多都是风车驱动的。

伴随着纺织技术带动机器生产的发展，这些机器对动力的需求也越来越高。以前那些给机器提供动力的方式，已经无法满足机器生产的动力需求。

瓦特在1785年制成的改良型蒸汽机，在这个阶段终于开始大量投入使用，第一次工业革命的标志性事件发生了。

在第一次工业革命的标志事件——蒸汽变成动力发生之后，机器开始大规模代替手工。机器效率的提高和驱动方式的改变，带来了生产力的大幅提升，第一次康波周期就是在这个背景下产生的。

四、第二次康波

第一次工业革命以后，人类社会进入蒸汽动力时代，机器化大生产逐渐取代了作坊式的手工劳动。

之前传统手工业作坊的生产力水平已经无法适应规模化机械式大生产的需求。为了提高生产效率，资本家开始建造厂房，大规模雇佣工人集中生产，现代化的生产组织形式——工厂，由此出现了。

这使得过去需要依附于地主阶级才能维持生计的农民逐步消失了，工业资产阶级和工业无产阶级形成并壮大起来。

想要发展大规模的工厂，需要的资金规模和之前的小作坊肯定是不一样的。工业企业想要发展壮大，就需要更大规模的融资。各种公司开始搞股份制和债券融资，金融业在此基础上诞生了。

工厂规模发展得越来越大以后，开始制造更复杂、更精细的产品，工厂分工也越来越细。比如一个工厂想要造火车，不可能火车轮、火车头和火车车厢都自己造。于是慢慢地，大型工厂也开始有了更加专业和细致的分工，每类工厂只负责制造某个细分领域的零件。之后这些零件再汇集到组装厂，被组装成火车的成品，现代化大生产就这么诞生了。

伴随着成规模的机械化大生产的工厂出现，整体生产效率提高了，但新的问题也出现了。

东西生产出来还要运出去，以前靠骡马拉车那种传统的运输方式，已经满足不了机械化大生产背景下的运输需求。

为了便捷地运送货物和原料，人们开始想方设法地改造交通工具，蒸汽机驱动的火车就是在这个背景下产生的。

有了火车，还需要修铁路。铁路可不是那么容易修的，不光需要先进的技术，还需要大量的资本。

修铁路需要大量铁轨，造铁轨需要冶金，想要冶金，就需要开采铁矿，才能大炼钢铁。而且想要把铁矿通过冶金炼出高质量的钢铁，冶金化学技术也必须过关。也就是说，这一系列配套产业，只要有一个没发展起来，铁路都修不起来。

在这个背景下，铁路这个上游产业带动一系列下游产业突飞猛进，相关行业的技术也得到了极大发展。以钢铁、铁路大发展为标志的第二个康波周期，也在这个基础上产生了。

想要发展这些重工业，除了技术问题，还需要解决资金问题。华尔街就是在当时大量融资需求的背景下崛起的。要知道欧美的铁路都是借钱修的，重工业设施也是借钱建的，这些都是要等修好之后，企业先生产，有了利润再还钱。

铁路及其下游重工业投资需要的大量资本，也带动了金融业的衍生和发展。

由纺织机和蒸汽机引发的第一次工业革命，不光驱动了两个康波周期，也带动了无数下游产业和就业。第一次工业革命不光推动了经济的发展，也带来了整个社会体系和结构的变革。

有这么一句话："生产力决定生产关系，生产关系要适应生产力的发展。"

可以说这次技术革命，不光开创了机器替代手工劳动的时代，也推动了英国的社会变革，最终确立了资产阶级对世界的统治地位。

率先完成技术革命的英国等国家，也因此逐步由封建社会进入资本主义社会。

五、第三、第四次康波

第二次工业革命发生的标志性事件，是电力的发明和广泛应用。

德国的西门子在1866年发明了发电机，到19世纪70年代，可用的发电机问世了。

在这个阶段，电力开始取代蒸汽机动力成为新能源。大量电力驱动的电器投入使用，替代了蒸汽驱动的机器。伴随着电灯、电车、电话和无线电报等一系列电器相继问世，人类进入了电气时代。

电话和无线电报的出现，为信息迅速传递提供了方便。世界各国的经济、政治和文化联系进一步加强。

除了电力的投入使用，第二次工业革命还有个重大的技术突破，就是内燃机的创新和使用。在19世纪七八十年代，以煤气和汽油为燃料的内燃机相继诞生，19世纪90年代柴油机也研制成功了。

内燃机的发明解决了交通工具的发动机问题，之后内燃机驱动的内燃汽车、远洋轮船、飞机等也得到了迅速发展。

大量内燃机投入市场使用，推动了石油开采业的发展和石油化工工业的生产。

1870年，全世界生产大约八十万吨石油，而1900年的石油年生产量猛增到两千万吨。

在电气化的背景下，全球生产力达到了一个新的高度。

这个阶段不光是生产力在快速发展，伴随着各种消费品进入千家万户，消费金融也有了长足的进步。我们现在看到的消费信贷和分期消费，在这个阶段就已经非常发达了。

在消费信贷的推波助澜之下，汽车在1920年代就已经进入了美国的千家万户。

穷人低息借钱买东西，推动企业利润节节升高。美国经济一片欣欣向荣，这简直就是一个完美闭环。

这时候，如果你去看美国资本市场，那是股票天天涨，富人拿钱投资股票，贫富差距不断拉大。一切都很完美，直到1928年美联储开始加息，在1929年迎来了市场的大崩溃。美国居民贫富差距拉到极致以后，很快出现了大崩溃大萧条。

我在《我们正站在一场大萧条前夜》一文讲过这件事。

如果从生产力的角度看，美国和德国是这个康波周期的领导者，美国和德国的产业结构也差不多。一战以后在德国经济部长沙赫特的游说下，美国的摩根财团操盘了针对德国的道威斯和杨格计划。美国提供贷款，支持德国稳定金融秩序发展经济，还答应购买德国生产的东西。德国拿到美国的贷款之后，工厂重新开工，老百姓有了收入，国家很快稳定下来。

在大萧条之前的1924—1929年，德国度过了一段稳定期，经济快速恢复到战前水平，实力再次超过英、法。可以说，正是美国大把钞票的流入，推动了这段时间德国经济的快速发展。

德国对这件事情心如明镜，时任德国外交部长的施特莱斯曼曾经说过："过去几年我们其实是靠借美国的钱过日子的。一旦发生经济危机，美国要求偿还短期贷款，我们就会面临破产的危险。"

美国在一战中发了战争财，家底很厚，而德国则是一战的战败国，赔了很多款，没多少家底了，全靠出口市场过日子。大萧条开始以后，英、美等国纷纷竖起关税壁垒。在美股崩溃引发大萧条的背景下，华尔街的资金也开始回流，这很快就毁掉了德国来之不易的繁荣。德国经济直接被打回原形，工厂停工，矿场停采，500万工人失业，人民生活水平急剧下降。

当时德国对美国的依赖可以说到了令人难以置信的地步，工厂开工的钱是从美国银行借的，生产出来的产品还要卖到美国去。

美国经济崩溃后，生产出来的东西卖不出去，而且由于缺钱，还要把借出来的钱收回去。产品卖不出去导致工厂倒闭，工人失业，德国国内到处弥漫着绝望的气息。

当时的危机虽然起源于美国，但世界其他国家一个都没跑得了。这种状况和现在差不多，美国经济得了感冒，其他国家直接进ICU。

德国这时候希特勒来了，他说他有办法解决问题。美国这时候也换上了民选总统罗斯福。美国和德国为提振经济，采取的手段也差不多，都是通过国家借债方式，搞以工代赈给老百姓发钱。只不过希特勒除了以工代赈搞基建，还开始疯狂扩军发展军备。

为什么希特勒会想到发展军工，而不是发展民用消费品？他一开始就准备打仗吗？

我认为其实是因为他没有选择。

民用品生产出来要马上解决销路问题，不然企业就要倒闭。而军用品从生产出来到装备部队，装备部队之后还要训练，这段时间可以拖长很多，不正常的就业和繁荣才能继续维持下去，这也是希特勒的执政基础。不过拖得再长也是有尽头的，所以战争是德国最终必然要走上的道路，只有这样才能把军备消耗掉。

美国终于耗到德国挺不住，第二次世界大战全面开打。二战把富裕的老欧洲砸了个稀巴烂。出于避险的考虑，大量的西欧金融资本和科技人才涌入美国。

二战结束后，美国对国内的经济政策做了调整，开始压缩军事经济，推动军用技术转向民用。半导体、计算机和互联网技术，以前都是典型的军用技术，只不过现在大规模转向了民用。就是这些技术给生产力带来的巨大突破，推动美国进入下一个技术周期，经济也更加繁荣。而当时的另一个超级大国苏联，则因为转向不及时，最终倒在美苏争霸的经济消耗战中。

六、第五次康波

最近我们经历的康波周期，是二战以后的信息技术革命引发的。按照周期计算，这是第五轮康波周期。

这轮周期产生的技术突破，主要在计算机、半导体和互联网这些产业上。美国是这轮周期突破的主导者，并且在这轮康波周期的繁荣期，也就是20世纪90年代，可以说是称霸全球。

不过在这轮信息技术革命以后，在世界范围内已经很久没有出现技术突破了。现在推动生产力发展的，还是20世纪70年代美苏争霸那时候研究出来的那些技术。

中国在改革开放之后，逐步吸收了美国的产业转移和技术扩散，生产力也发生了巨大飞跃。2001年中国加入世贸组织以后，我们不光吸收了西方国家那些转移的劳动密集型产业，逐步成为世界工厂，而且在后来互联网行业的推动和影响下，我们也跟上了信息技术革命背景下从电脑到移动互联网的技术升级。我们国家投下大量资金，布局了大量的基站，为技术升级打下了基础。

有了这些便捷的基础设施，我们成为唯一一个和美国在移动互联网领域并驾齐驱的国家。2008年以后的移动互联网时代，全球GDP增长主要是来自中美两国，其他没有赶上这轮技术革命的国家和地区，在全球GDP增长里面没占到什么份额。

我们会觉得中国的变化日新月异，美国那边厉害的企业层出不穷，而中美之外的其他国家好像停滞了，没什么变化。

日本就是一个典型的例子，十多年来在移动互联网方面没什么发展，一直在深耕上一轮技术革命的成果。市场占有率最高的日本的产品，大多是上个康波周期的技术，与移动互联网相关的产品很少。这是因为日本没有跟上信息技术革命，整个社会看着好像停滞在20世纪90年代了。

七、康波步入萧条期

在五六十年时间的康波周期里，存在着明显的繁荣、衰退、萧条、回升四个阶段。在不同的阶段里面，如果你有足够的智慧，也能找到属于自己的机会。

20世纪90年代，信息技术革命就是一个典型的例子。2000年电脑火爆，门户网站和搜索引擎成为当时的主流。2009年以后，传统互联网逐步被移动互联网取代，各种App（手机软件）崛起，取代了之前的门户网站，成为2010年之后的王者。

每次技术的发展都会带动一些行业的崛起，都会有大量的从业人员受益。前些年中国之所以发展那么快，很重要的原因就是前几轮康波周期的技术成果在国内一轮轮被引爆。

在技术进步推动的背景下，我们又搞了改革开放，融入了美国主导的全球贸易体系，成为世界工厂。在这个过程中，我们整个经济体在不断被时代和技术的浪潮推着往前走，国家也一直专注在经济建设上。然而技术革命总会走到尾声，人口红利也总会走到末端，这是历史发展的必然。

最近这些年已经没有什么真正的创新和技术进步了，差不多还是推动第五次康波的那些技术。由于没有技术进步带来的生产力突破，很多行业陷入了存量竞争和零和博弈[1]之中。

这本质上是因为上一轮技术革命带来的生产力飞跃已经步入尾声，新的技术革命还没有出现。比如最近两年，互联网巨头们开始做社群团购，和卖菜阿姨抢钢镚儿，这就是存量博弈的典型表现。这种存量博弈对经济和就业伤害很大，所以国家果断干预了这个事情。

① 社会学概念，零和博弈又称零和游戏，是指参与博弈的各方，在激烈的竞争下，一方的收益，则意味着另一方的损失，且一方的所得，正是另一方的损失。博弈各方的收益和损失相加，总和永远为“零”，故双方不存在合作的可能。

尾　声

在我国传统的纪年法中，六十年称为一甲子，相当于一个人自然寿命的主要阶段。

每个人的一生差不多都会经历一轮康波周期，甚至横跨两个康波周期。所以，一个人的命运，固然要靠个人努力，但更重要的是历史的进程。这个历史进程就是大趋势和大环境，或者说得更贴切一点，就是康波周期。

如果出生你就赶上了康波周期的复苏期或者繁荣期，就会有很多机会。如果你有点儿能力，把握住一个机会，往后的日子里收入很可能会不断提高。如果你出生就赶上了康波周期的衰退期或者萧条期，你会难受很长一段时间，因为你不管怎么努力，都很难对抗和改变下行的大趋势，日子很可能常年原地踏步甚至下滑。

这两年很多人都比较难受，觉得除了某些细分的新兴领域，几乎都是存量博弈。机会越来越少，多数行业也越来越内卷，少数几个增长快的行业，也几乎都是在抢别人的存量市场。比如，2010年以后，电商快速发展，抢的是线下零售的市场；新能源的蓬勃发展，抢的是传统能源的市场。从全世界的角度看，之前的技术进步带来的生产力突破目前已经走到了尾声。

从康波周期来看，目前处于萧条期，而且这个萧条期只走了一半。虽然后面还有个回升期，但是在新一轮技术革命出现之前，大家都是在熬时间。如果将来有了新的技术革命，比如热核发电、量子计算、人工智能等技术出现突破，我们就可以看到下一个康波周期的繁荣期出现。如果新的技术革命没有出现，加上全球化已经走向尾声，后面的日子还且要熬着呢。

如果刻舟求剑地回顾历史，上次全球化走向尾声的时候，随之而来的就是各国竖起贸易壁垒，最后德国、日本熬不住，发动了战争。

我们站在这一轮康波周期的尾声，不知道人类又要面临着什么样的挑战。

未来的财富吞噬器

有一次回老家，和几个发小聊天，说起房子的事。我发现他们有个很奇怪的观念，就是认为买一套房就能住一辈子，将来还可以传给自己的子孙。

实际上，房子也是有生命周期的，它也可以分为青年、中年和老年时期。通常房子的青年时期是五到八年之内，中年时期是十到十五年之内，二十年以上的房子就步入老年时期了。

一般青年时期的房子，如果小区和配套不错，可以算是优质次新房。中年期的房子会不会贬值，要看物业维护的水平如何。如果一套房子已经步入老年，物业又维护得不太好，价值就会开始直线衰减。

北上广这种一线城市，也有不少几十年房龄的“老破小”房子，如果再加上物业维护不好，那么，公共区域一般是黑乎乎、脏兮兮的。

一线城市还有不少二十多年房龄的老高层，情况也差不多。这些房子虽然老，但也不便宜，动不动就几百万、上千万。不过毕竟是一线城市，电梯之类的都还有人维持养护，到期了也能更换一下，而三四线城市的高层住宅，房龄上来以后就没这么幸运了。毕竟这些地方物业费都很难收齐，难道还想提取维修基金来更换设备？这些老高层很可能随着房屋老化而贬值，逐渐成为持有人的财富吞噬器。

我到三线城市去办事的时候，见过一个二十年前的老豪宅小区。小区里最小的户型是三房两厅两卫，算是大户型了，绿化在那个年代也过得去，妥妥的高品质小区。现在什么情况呢？有钱的早就搬走了，剩下的都是没办法搬走的。很多房子都被隔成几间，变成群租房。一楼很多车库被租出去做了仓库。物业费还是二三十年前的标准，六毛钱一个平方米，当时算是比较贵的物业了。现在这点儿物业费，只够雇两个看大门的保安和几个打扫卫生的清洁工。

这种小区想要维护得像样点儿，根本就不可能，因为收的那点儿物业费根本就不够用。想要提高物业费？那需要大多数业主的同意。有很大一部分业主早就不住这里了，谁会同意提高物业费？这就导致很难提取维修基金，高层电梯房如果到期没法更换电梯，就会有安全隐患。毕竟任何设备都是有使用寿命的，保养得好就能多用几年，保养得不好就少用几年。

住在这些小区的人，有钱的往往住上十几年就搬走住新房去了，留下来的往往是那些没钱再置换的，或者年纪大了觉得没必要换了。如果你经济条件尚可，一套房子最多也就住十五六年，到时候就要做置换。因为只有在房子步入老年期之前做好置换，你手里的房子才能保值。

绝大多数高层住宅，尤其是非一二线城市的高层住宅，如果物业一般，再过几年就会成为吞噬居民财富和幸福生活的黑洞。

高层住宅老化以后，除了少数大城市的繁华地段，最终大多都会沦为贫民窟，这是全世界的规律。因为楼层太高，三四十层的，拆不起[①]，拆也不划算。楼房无法进行旧房改造，可是水电气管道老化了总得换吧，但又很难集到资。

---

①这里指开发商圈及城市更新，三四十层已经是很高的容积率了，拆了再盖不划算。

一二线城市由于产业优势，每年都有大量的外来年轻人涌入。这些城市的房子老化以后，持有人大不了租出去，自己去别的地方住，大城市的房子始终是有人要租的。在未来，三四线的那些三四十层的高层才是真正的财富黑洞，租又很难租出去，卖也卖不出高价钱。

既然一线城市的老房子即使置换不了也能出租，那可以在一线城市买老破小吗？

从未来的发展趋势来看，一线城市的老破小不太可能拆迁了，很可能是搞旧房改造。以上海为例，内环内的老破小随着旧房改造和城市更新的推进，将来的状况一定比现在好。将来，老破小很可能会增加电梯和配套，居住体验也会比现在好。

不过，即使在一线城市，如果条件允许，我仍然不建议买老破小，甚至手里如果有多余的老破小，在目前的大背景下，我建议卖掉置换。

最近二十年来流行的观念是先上车再置换，这个观念至今影响了很多人。初次在一线城市买房的人，大多会考虑先买老破小来作为过渡，但是现在大背景已经变了，将来首套和二套的信贷政策是不同的。另外，这些老破小一般房龄很长，对于购买客户的信贷要求会越来越高，流动性会变得更差。

买房做选择的时候，应该尽最大的能力做到一步到位，争取一次性买到自己力所能及的最好的房子，而不是先过渡再置换。如果可以，尽量还是买区域不错的次新房或者品质住房，老破小只能当作最后的选择。

货币与财富的关系

2022年某月，某城市公布了一系列与房地产相关政策，开始救市房地产了，有人留言让我聊聊这个问题。

其实公布的一系列政策里面，最有效的是这条："贷款还清以后不认贷。"大幅放松了首贷的标准。这是该城市2014年的核心政策，目前优化了该政策可以说2022年该城市救市的力度相当大了。在2014年，该城市还配套了货币化棚户区改造政策，还有最低7折的利率做二级点火推进，后者到目前还没有看到。

如果将来除了货币化棚户区改造，还能在这个城市看到低于LPR（贷款市场报价率）的房贷利率，那么刚需该出手就出手吧。

很多人会觉得奇怪，2021年紧缩一年以后，2022年为什么突然间又放松房地产了？

这是因为房地产才是宽信用必不可少的工具。

没有房地产以及衍生出来的贷款产生的放大效应，仅仅靠宽信用传导下去刺激经济是非常难的。

一、钱是怎么流入市场的

很多人这些年可能都有这种感觉，收入明明在不断提高，但存款却好像总是跑不赢资产价格的增长。看着资产价格不断上涨，却感觉自己越来越穷，又不知道问题出在哪里。很多人越来越焦虑，不断把钱投入到各种投资中去，期待能把辛苦赚来的钱保值增值。这也导致大家每次看到财经政策出现变动就会很焦虑，生怕通胀稀释了自己攒下的钱。

这里先要思考一个问题：货币是通过什么形式流入市场稀释你的购买力的？

通常我们认为，钱是通过信贷的形式流入市场的，再通过信贷层层放大流入经济循环中去，这个放大过程本身稀释了你的购买力。

书上对信贷行为是这么定义的："信贷是体现一定经济关系的不同所有者之间的借贷行为，是以偿还为条件的价值运动特殊形式，是债权人贷出货币，债务人按期偿还并支付一定利息的信用活动。"

信贷有广义和狭义之分。广义的信贷是指以银行为中介、以存贷为主体的信用活动的总称，包括存款、贷款和结算业务。狭义的信贷通常指银行的贷款，即以银行为主体的货币资金发放行为。

通俗地说，信贷就是通过银行这些中介在中间审核担保，借款人把自己的钱借给贷款人赚利息的过程。

二、借款人和贷款人

我们知道由于自身或者家庭财富积累水平的差异，不同群体手里积累的财富是不同的。

有些人手里有富裕的资金，他们想要让这些钱生出更多的钱，实现保值增值。这个有闲钱的群体，通常叫作借款人。

有些人虽然手里没多少钱，但是他们消费欲望旺盛，或者有些人想要投资，但是资金不够。简单地说，不管是出于消费还是投资的角度，这类群体想要购买的都是自己目前手里的资金暂时无法负担的东西。这些东西可能是一些消费品或者奢侈品，也可能是房产、汽车，还可能是某些大件的投资品。

钱不够怎么办呢？你可以慢慢攒钱，攒够了钱再买；也可以先向别人借。有些人通过借贷，从借款人那里借钱并且支付一部分利息，今天提前把明天的钱花了，之后再用自己未来的收入，慢慢偿还这笔债务和利息。这批人通常叫作贷款人。

手里有钱的借款人和需要用钱的贷款人都有了，双方的需求也很匹配，但是要完成借贷这个过程，还有一个环节需要解决，那就是借款人的资金安全问题。

作为借款人，自己去衡量贷款人会不会按时归还自己借出去的钱，是非常复杂的事情。怎么能保证贷款人能够承诺足额偿还债务，而且借款人还能够相信贷款人这个承诺呢？这时候就需要银行这类中介机构了。

有了银行这类中介机构做担保，借款人也相信贷款人还本付息的承诺，信贷就产生了。在信贷这个过程中，借款人通过银行这个中间渠道，把手上的钱借给贷款人，实现手里资金的保值增值。银行是那个负责保证借款人资金安全，敦促贷款人按时还本付息，同时在中间赚取利差的中介机构。

由此可以看出，通过信贷盘活了借款人手里的闲置资金，满足了贷款人的消费投资需求。信贷不但刺激了货币的流通，也刺激了经济的发展。可以说现代信贷机制是经济中最重要的组成部分。

三、信用扩张是怎么完成的

在现代经济体系下，一个人的消费等于另外一个人的收入。

假如你手里存了30万现金，全款去买了辆汽车，那么这笔钱就会进入企业的腰包。这30万块钱兜兜转转，就变成了整条汽车产业链上一系列企业的收入。

这些企业拿到这笔钱，会通过支付货款、再投资和发放工资等方式，把这30万再投入市场。

从这里可以看出，你买车消费花掉的30万块钱，变成了别人的收入。在这个过程中，也给市场增加了30万的货币流通。

如果说你手里存了30万现金，决定贷款去买辆车。这辆车价值100万，你付了30%的首付。在这种情况下，银行会把你的30万和借给你的70万，一并交给车企。

车企拿到这100万以后，同样会通过支付货款、再投资和发放工资等方式，把这笔钱再投入市场。

最终流入市场的资金，是你手里的30万自有资金，和银行借给你的70万信贷。等于说你只用了30万的资金，通过银行信贷的方式，给市场增加了100万的货币流通。

我们通常把这个过程叫作信贷扩张，这和大家常听的宽信用传导或者信用扩张，本质上是一回事。

当然，这里用买车举例可能不太恰当，多数老百姓也不太会靠大额贷款买车。

多数老百姓的信用扩张，也就是我们说的居民信用扩张，是通过买房的形式完成的。比如你有30万，决定买套100万的房子，用房子作抵押，然后向银行贷款70万。

银行把你支付的30万首付和通过信贷创造的70万支付给房地产企业，信用扩张的过程就完成了。

房产企业拿到这笔钱，会支付下游供应商货款，通过再投资加杠杆、发放工资等方式把这100万再投入市场。

从这里可以看出，信用扩张本身是具备乘数效应的。这个乘数效应主要是通过借贷加杠杆这个过程来完成的。

从统计数据来看，居民借贷加杠杆的主体就是房产购买。企业里借贷加杠杆的大头，也是房地产企业。

这二者在过去十几年时间里，是我们国家信用扩张和货币投放的主力。

在信用扩张的背景下，产生的加杠杆贷款操作越多，信用扩张流入市场的货币就越多。

大家一直讨论的广义货币（M2）高速增长是怎么来的呢？就是通过房地产这个载体，信用扩张以后印出来的。

前面我们说过，当我们支付30%的首付，贷款70%买房的时候，银行会把这些首付和贷款全部支付给房地产企业。

我们这70%的贷款，等于是说通过把房产给银行做抵押物的形式，凭空创造了货币。

这部分贷款，需要通过锁定我们未来二十年到三十年的现金流，通过银行这个中介机构支付给借款人。房地产企业拿到这个钱以后，也会通过拿地以及支付下游供应商货款和工资的形式流入社会。

在这个过程中，社会上总货币会变多。道理也很简单，因为这个过程创造了货币。

以前总有人说，房地产是货币的蓄水池，其实这个说法不太准确。准确地说，房地产本身起到的作用主要不是蓄水，而是“大功率印钞机”。因为房地产行业是现代经济体系运行中，通过银行不断创造信贷的主力行业，也是信用扩张的主力行业。

四、房地产是真正的“印钞机”

很多人误以为的印钞，就是一个国家需要用钱了，直接开动央行的印钞机。比如国家行政开支、军费、基建和教育，都用央行印出来的钱支付。这个方法倒不是不可以，不过无锚印钞的结果就是恶性通胀。现在的津巴布韦就是过度印钞造成的恶性通胀。

那么，怎么印钞才不会产生恶性通胀呢？要让印出来的每一块钱背后都有抵押物或者相应的信用支持。

我们知道，在布雷顿森林体系解体之前，整个世界货币锚定的是金本位。不管是早期的英镑，还是二战以后的美元，能成为世界货币，都是因为背后有黄金做抵押物支撑。

布雷顿森林体系解体之后，世界正式进入信用货币时代，这等于说货币背后的抵押物没了。

美元这个世界货币从过去用黄金做担保，变成了现在用美债和未来税收做担保。

所以，传统意义上的经济危机，即货币通缩，我们看不到了，随之而来的是金融危机，也就是所谓的信用危机。

解决信用危机的办法就是通过印钞放水来刺激经济，这导致信用货币天然地具有购买力不断贬值的特性。

美国在这个阶段是用美债和美国未来的税收取代了黄金这个锚定物给美元信用做担保。

那么，在这个阶段我们人民币的信用从哪里来呢？一个是用美元外汇储备做抵押物，借助美元的信用。可以说，二战以后通过出口导向型经济崛起的大多数国家，都是差不多的模式。

当然，这里必须指出的是，我们货币增信的锚定物转变，中间也经历了一系列过程。这里就简单略过了。

在20世纪90年代，我们决定加入世贸组织以后，我们和多数出口导向型的新兴国家一样，正式融入美国主导的全球经贸体系。

我们通过出口商品，赚来了大量的美元外汇储备。这些积累的美元外汇储备，就是我们目前发行人民币基础货币的主要抵押物。

除了通过外汇储备做抵押物来发行基础货币，另外一块信用放大的基础，主要是房地产。

很多人没想明白，为什么房地产尤其是房贷本身既是信用放大器，也是印钞机。具体原理我们在第三节信用扩张部分已经讲过。

事实上，过去几十年我们在做的具体有两方面。一方面是通过加入美国主导的全球经济体系，出口商品赚取外汇，捆绑美元信用给自己的货币增信。另一方面就是通过不断做大国内的房地产市场，通过房地产及其衍生的信贷给货币扩张增信，这也导致我们在短期内很难完全脱离房地产。因为我们的其他金融工具有限，目前的体量还不足以给信用扩张背书增信；再加上目前人民币没有真正意义的国际化，城镇化还在进行之中，所以房地产这个信用扩张工具在短期内不会被放弃。

所以，我们会看到房地产调控政策紧一紧就要松一松，永远都是在去杠杆和加杠杆之中摇摆。

为什么美国等国家并不像我们一样依赖房地产作为信用扩张的工具呢？

一方面，欧美已经发展300年，步入了成熟期，早就过了城镇化那个阶段。另一方面，美元是世界货币，美国有世界上最发达的金融市场，信用放大的工具可以从股票和国债市场里面找。

我们想要摆脱对房地产的依赖，本质上就是要寻找新的信用放大工具，这非常不容易。可以预见的是，在人民币完成国际化之前，我们依然很可能要依赖国内的房地产市场和美元外汇储备这两块来作为基础货币发行和信用扩张工具。

这里可能有人要问，这样的话，房价岂不是永远会涨？买房永远是最好的投资？

确实，过去人口多的时候可以这么玩，但是现在人口生育率逆转以后玩法变了，房地产行业普涨普跌的时代结束了。随着人口生育率逆转，未来仍然有价值的房产，是那些产业配套好、人口大量流入的地区。

五、理论上能印出多少钱

明白了上面的问题，我们可以计算一下，通过房地产这个信用扩张手段，理论上银行能创造出多少钱？

为了简化这个问题，我们假设全国只有一家商业银行，大家存款也只能去这家商业银行。

初始情况是客户A来存钱，在这家商业银行存了100元，这时候银行账面上就有了100元。

银行的资产负债表是下面这样的：

总资产：100元	负债：100元
	所有者权益：0元

不过，银行要付给客户A利息，所以这个钱不能留在自己账面上，必须要贷出去，不然就要亏本喝西北风。

由于客户遇到突发情况，随时都可能会来银行取钱，所以你不可能把这100元钱全部贷出去，不然客户取不到钱就要跳脚了。

为了解决这个问题，央行规定这100元里面，必须有一部分要留下来，留下来的部分要打到央行账户保管。这部分打到央行账户保管的钱，叫作存款准备金。准备金就是用来应对储户随时来银行取现金的情况。

理解了准备金的概念，大家就能够理解为什么任何一家银行都扛不住储户的挤兑了。

在存款准备金的制度下，商业银行会把收到的100元存款分为两部分，一部分用于存款准备金，另一部分用于放贷盈利。

我们假定央行规定法定存款准备金率是10%，这时候银行的资产负债表是下面这样的：

现金：90元	负债：100元
准备金：10元	所有者权益：0元

现在银行账上有90元可以用，银行也非常需要把这90元放贷出去，这样银行才能盈利。

这时候，开发商B正好需要钱，需要90元。于是银行把这90元，全部贷给了B。

这时候，银行的资产负债表，变成了下面这样。

贷款：90元	负债：100元
准备金：10元	所有者权益：0元

之前账上的现金，变成了对开发商B的债权，或者说是贷款。

这里需要注意的是，和我们平时把钱借给别人以后，自己账户上的钱会减少不同的是，客户A的钱，虽然通过银行贷款出去了，但是他账上的存款一分不会少，还是100元。

开发商B拿到这90元钱贷款以后，开始盖房子。盖完房子他把90元付给了下游的建筑商C。

建筑商C收到钱以后，也想要获得利息，又把拿到的这90元钱存到了银行。

这时候，银行账上又多了90元存款，虽然银行把客户A的钱贷给了开发商B，但是经历了一系列循环以后，这笔钱最终又流回银行的口袋里面。

这时候，银行该怎么做呢？还是像之前的老样子，继续把这90元分成两部分。一部分用作10%的法定存款保证金，也就是9元。剩下的部分拿出来去放贷，也就是81元。

之后，这81元又重复上面的过程，继续回到了银行。这81元，又被分成了两部分，其中的10%，也就是8.1元做存款准备金。另一部分72.9元，又可以贷出去。

整个商业银行贷款创造存款的流程和链条，基本是下面这个样子的。

<table>
<tr><td colspan="3">假定某银行吸收了100元原始存款，并且假定存款准备金是10%，那么商业银行创造存款的过程，我们可以用下面的过程来概括。</td></tr>
<tr><td></td><td>存款</td><td>贷款</td></tr>
<tr><td>第一次</td><td>100</td><td>$100\times(1-10\%)$</td></tr>
<tr><td>第二次</td><td>$100\times(1-10\%)$</td><td>$100\times(1-10\%)^{2}$</td></tr>
<tr><td>第三次</td><td>$100\times(1-10\%)^{2}$</td><td>$100\times(1-10\%)^{3}$</td></tr>
<tr><td>第n+1次</td><td>$100\times(1-10\%)^{n}$</td><td>$100\times(1-10\%)^{n+1}$</td></tr>
<tr><td colspan="3">理论上，100元，银行创造的存款总额$=100+100\times(1-10\%)+100\times(1-10\%)^{2}+100\times(1-10\%)^{3}+\cdots\cdots+100\times(1-10\%)^{n}$</td></tr>
</table>

理论上，按照上述公式，第一个储户存进银行100元，后面不同的人再借出来，再存进去，可以创造无穷多的存款。当然现实中受限于储户的贷款意愿、经济环境等因素，100元往往最多能变成1000元的存款。也就是说，银行能够把用户的第一次存款放大十倍左右。

更加详细的计算过程，可以参考弗雷德里克 · S. 米什金的《货币金融学》，这里就不再赘述了。

六、货币乘数和负利率

从上面我们也可以看出，最终计算的结果和存款准备金率的关系是非常大的。

简单说就是，银行通过信贷层层放大裂变出来的货币乘数，是存款准备金的倒数。也就是10%的存款准备金，货币乘数理论上是10左右。这种情况下初始的100元存款，可以最终裂变成1000元。

大家最关注的广义货币（M2），其实和准备金也息息相关。公式是M2=基础货币/存准率=货币乘数×基础货币。

所以，降低存款准备金率，可以使得市场上的货币增多，从而刺激经济增长；提高存款准备金率，可以使市场上的货币减少，给过热的经济降温。

银行会通过改变利率来调整准备金，比如通过降低利率来降低银行的准备金，甚至有的国家的银行某些时候会实行负利率来降低银行的准备金。负利率目前更多地也是针对准备金的。

经济不好的时候，商业银行就不愿意放贷，他们倾向于把自己手里的钱更多地存在央行。

商业银行存在央行里的准备金越多，会导致名义上的准备金率越高，进而会导致货币乘数缩小，最终导致市场上的钱变少了。这时候，央行要用负利率的形式，刺激商业银行把钱放出去，从而刺激货币增长。

理论上我们认为，最初始的100元，才是央行真正印出来的钱，叫作基础货币或者高能货币。最后的1000元钱，是市场中流通的货币，叫作广义货币，也就是大家常说的M2。

这部分市场上流通的货币，也就是M2的多少，决定了资产、商品、服务的货币价格。通常M2流向哪个领域，这个领域的价格就会暴涨。

从这里可以看出，准备金率主要决定的是市面流通货币的数量，因此叫作数量工具。

利率主要决定的是市面上流通货币的价格，因此叫作价格工具。

2021年末，我国的广义货币（M2）余额是238.29万亿元。

2022年3月，我们的存款准备金率在11.5%，货币乘数是1/11.5%≈8.695。

理论上，我们的基础货币数量，应该是238.29/8.695≈27.41万亿元。

通过上述计算，我们也可以看出，市场中80%的货币都是由信贷创造的。

当然，上面只是理论上的货币乘数，实际的货币乘数还会受到居民和企业贷款意愿的影响。

如果实体企业觉得生意不景气，居民对资产价格上涨没有信心，银行的钱也就贷不出去，货币乘数自然也就会下滑。

从这个角度观察房地产，我们也可以归纳一下，为什么有时候会出现信用无法传导。

大家可以观察和思考一下以下这些归纳，在生活中到底是不是这样。

首先，只有普通人愿意借钱买房，房子才能卖得出去。如果他们信心不足，那就卖不出去。所以我们看到针对房地产的政策，基本就是放松普通人买房的首付门槛和购买资质，降低贷款利率。

其次，通常在房价上涨预期的时候，普通人愿意借钱买房，因为这时候可以坐等房子升值。

最后，房价上涨预期不再的时候，通常没有人会接盘，投资买房的和房地产商的日子都不好过。

七、资产价格是怎么传导的

我曾经讲过一个事情。

从2009年那次全球大放水以后，我们就开始步入劳动价值远远跑不赢资产价格上涨的时代。你想要致富，就要借助资产价格的上涨。

所以，在2009年这次大放水以后，手里有100万现金的人和100万房产的人，距离在迅速拉开。

为什么这么说？原理也很简单，我们假定现在回到2009年，看看当时发生了什么。

2009年为拯救经济，全球主要银行同步大放水。这些放水的钱，主要流入了城镇化和房地产。

可以说房地产商最先拿到银行放出来增发的货币，这时候，货币首先流入地产商的账户，没有流入市场。

这个阶段，由于信贷导致的乘数效应还没有传导下去，市场上的货币还没有显著增多，物价也没有开始上涨。

最早通过信贷拿到增发货币的人，购买的是市场上还没有涨价的生产资料和商品服务。

生产资料和商品服务包括土地、钢筋、水泥等各种建材，还包括办公成本、人员工资等。

他们在2009年买地盖房的时候，所有的成本都是按照2009年的物价和劳动力价格做基础计算的。

这个阶段的地产商，可以赶在物价上涨之前买地、买物资盖房，用原来的工资雇佣员工。

在盖房和销售的过程中，这些增发的货币会作为支出，逐步流入市场，导致市场上货币逐渐增多。

我们假设两三年以后房子盖好了，这时候，增发的货币已经通过各种渠道慢慢流入市场了。加上后来买房者信贷扩张带来的货币乘数效应，最终，市场上的货币必定增多，物价必定上涨，房价自然也不例外。

这个过程中，地产商卖房，实质上是用物价上涨前的价格锁定了自己的成本，用物价上涨以后的价格卖楼。

如果回顾过去十多年房产投资财富增长的密码，本质上就是经济周期引发的信贷周期导致的资产价格波动。

过往每次信贷周期启动，伴随的就是几家头部房地产企业或者政府部门大举借债，最终通过信贷推动广义货币发行，之后就是各类资产价格上涨。

理解了这件事，大家就可以在下一次机会到来之前做好准备，成为市场的既得利益者。因为每当这个时候，你可以抢在他人之前购买各类资产，之后坐等流入市场的货币来推高我们的资产价格。

我们常说的加杠杆和去杠杆，都是在历史中不断交替出现的。

从来没有不停加的杠杆，也没有不停去的杠杆。你要做的就是在加杠杆开始之前上车，去杠杆开始之前下车。

八、为什么会有通胀

有人会问，这样下去不是债务螺旋上升，通胀也会不断稀释我辛苦赚来的钱吗？

确实是这样的，所以你才要跟上货币的宽松周期，并在紧缩周期撤出。

我们知道，货币虽然是一般等价物，也是商品交换的媒介，但其实货币的本质也是一种商品。既然是商品，商品的价值就要受到供需决定，这是关于商品最基础的常识。

当市场上的商品多了，商品就会贬值。市场上的商品少了，商品就会增值。

所谓通货膨胀，本质上就是钞票印多了，购买力下降，钱变得不值钱了。

所谓通货紧缩，就是市面上钱的数量少了，钱的价值和购买力也随之提高了。

所以通胀的原因和结果，就像弗里德曼说的一样，归根结底是个货币现象。

为什么货币进入信用时代以后，通胀会持续产生呢？因为各国都需要百姓努力工作。

当市面上的货币越来越多，商品价格温和上涨，通货膨胀持续存在的时候，往往意味着经济处于中高速增长期，这时候，大家更倾向于把钱拿来投资或者花出去消费。因为钱拿在手里会贬值，花出去消费买到了东西，投资可能会赚到更多的钱保值。消费增多会吸引更多的人从事生产，继续扩大投资，从而提高社会生产力。

相反，如果一直都是通货紧缩状态，代表大家手里的钱越来越值钱，商品越来越贬值。这时候，人们就会热衷于存钱而不是消费，从而降低社会的总支出水平。

消费少了，自然也没人投资生产，整个社会的需求和就业就会同步下滑。老龄化以后的日本就是这样。

熟悉经济学理论的人都知道，一个人的支出等于另外一个人的收入，这是个恒等式。

社会总支出的降低，会导致社会总收入的降低。总收入降低以后，又会进一步导致总支出降低。这样最终形成一个恶性循环，导致整体经济和总需求出现螺旋萎缩，这是任何国家都无法接受的。

所以，站在老百姓的角度上，大家都非常讨厌通胀，但是各个国家每年依然会设定通胀目标。

百年前的金本位时代，其实是不存在通货膨胀的，因为货币发行受到黄金这个锚定物的制约。

现在的世界货币体系，在布雷顿森林体系解体以后，是美元这个世界货币以美债作为锚定而建立的信用货币体系。

美元的发行以美国国债作为锚定，其他国家货币以美元和本国债务作为锚定。

在这套体系下，美联储成为世界央行，理论上只要美国超发货币，全世界都要跟着超发，只不过是早发晚发罢了。

所以，在不改变现行全球货币制度和体系的情况下，这个问题本质上是无解的。只要人口不像日本一样步入老龄化引发总需求收缩，印钞导致的通胀会一直困扰着我们。

当然，过度的信贷投放会导致远超设定目标的通胀水平，也会导致资产价格泡沫和货币信用降低。在将来的信贷收缩中，也会刺破资产价格泡沫，最终引发经济危机。

尾　声

过去很多人都把一个逻辑搞反了，以为是货币超发才导致房价上涨。真实的情况恰恰相反，是因为大家买房贷款带来了货币扩张，扩张以后再进一步刺激房价上涨。

这是个自我循环增强的过程，也是只要贷款数据回落，房价和成交量就不动了的原因。

过去十多年，国内为什么是房子在涨而不是股票在涨？原因很简单，就是人口红利加上城市化。

过去十多年，是国内城市化最快的时期。大量的农村人口进城，导致房产作为主要资产价格大幅上涨。

现在和以前最大的不同是，我们的人口结构已经发生了变化，即将步入老龄社会。现在我们的城市化率已经超过60%，人口红利耗尽，加上老龄化，意味着已经接近城市化的尾声。

所以说，未来大多数的城市都很难靠房产保值了。

如果我们粗略估算，未来可能还有10%左右的空间，所以对多数城市来说，投资房产必须要精挑细选了。

这就是未来三四线以下的房子是消费品，未来楼市会出现明显分层的底层逻辑。

除了少数那些人口流入的一线、强二线城市还有投资价值，其他城市的房子大多是消费品。

未来一线、强二线这类高线城市，会加大供应量以稳定房价，让房价走势相对平稳，避免出现大涨大跌。

这期间，高线城市内部也会出现明显分化，豪宅和优质次新房会加速金融化，老破小横盘，长期来看最多也就和通胀差不多。

多数低线城市的房产走势已经非常确定，未来随着人口结构的变化和生育率走低，房子都会变得有价无市，成为实实在在的消费品。

如果你在这些低线城市，当每次价格出现反弹的时候，都是你卖出置换到高线城市的机会，而不是反过来买入的机会。

所以，如果你在三四线以下的低线城市，将来真的遇到由于刺激经济而导致的房价反弹，这时候，你该做的是赶快把手里多余的房子卖掉，而不是加码买入。

房子和经济

2022年，很多地方逐步放松了限购限贷，地产债也开始重新发行了。地产债开始发行重启，是一个比放开限购限贷、下调贷款利率更加强烈的信号。

从某种意义上说，地产债发行重启，意味着2021年至2022年的房地产市场领域的紧缩差不多结束了，救市也要开始了。

为什么要救房地产？因为自从房地产在2003年被确立为支柱产业，就和外贸一起成为我们经济发展的双支柱。

我们一方面通过外贸出口这个外循环赚取外汇、积累财富作为我们发展的资本金。另一方面，通过房地产这个支柱产业，通过信用放大的方式，推动经济的发展。

房地产不光是国民经济里面最重要的信用扩张环节，也是国内最大的消费，因为房地产的下游联接着上百个行业，也是这些行业收入的主要来源。

除了给下游上百个行业带来收入，房地产行业对地方政府来说，也是土地财政最大的收入来源。比如地方上拔地而起的那些崭新的基础设施、不断更新迭代的教育医疗配套等，其资金的主要来源都是卖地收入。

地方政府把地卖给房地产公司，然后居民拿着自己的积蓄做三成首付，其他七成从银行贷款。在这个过程中，银行信贷得到了扩张，居民手里的积蓄和未来三十年的现金流，也通过房地产这个通道跨时空转移到现在。这些居民负债以后，跨时空转移的财富，成为土地财政和房地产下游上百个行业的收入。

由此可以看出，房地产行业在拿走居民手里积蓄的同时，还拿走了未来三十年的钱，把这些未来的钱放到现在来搞建设。

不过，房地产是吉芬商品①，这也意味着它只有在存在上涨

①吉芬商品（Giffengood），是指在其他因素不改变的情况下，当商品价格在一定幅度内上升时，需求量增加，价格下降时，需求量减少，这是西方经济学研究需求的基本原理时，19世纪英国经济学家罗伯特·吉芬对爱尔兰的土豆销售情况进行研究时定义的。

预期的时候才能卖得出去，才会有人抢。房价一旦走下跌趋势，马上就没人买了。这就是我们常说的那句“上涨无房源，下跌无刚需”的来历。

房子一旦没人买，之前推动经济向上的信用扩张就无以为继。地方上赖以维持的土地财政也会无以为继。接下来就是房地产市场维系的货币创造和货币流转功能失灵，经济开始出现停滞。

这也是为什么过去很多年一提到救经济，最终都变成了救房地产。因为到目前为止，只有房地产能挑起这个大梁。

也正是因为房地产行业目前在经济中的地位无可取代，我们才看到了过去在这个行业不停地加杠杆和去杠杆，打压一段时间以后，又会开始松绑。

正所谓从来没有不停加的杠杆，也没有不停去的杠杆。二者总是在循环往复中交替，只不过每轮加杠杆和去杠杆之间，都会有人出问题倒下。

现在我们可以看到，从各个城市羞羞答答地逐步放开的限购限贷，到提高公积金额度，再到央行下调房贷利率下限，地产债发行开始重启，房地产放松的力度也一天天在加大。从某种意义上说，之前加在地产行业的紧箍咒，到目前为止大部分已经放开了。

如果趋势和销量没办法扭转，那么未来地产业放松的力度会越来越大。放松的目的也很简单，就是刺激房子的销量。因为只有房子卖出去，土地才能卖出去；土地卖出去有了回款，才能支撑地方财政和经济运转。

如果目前的放松手段无效，未来还会继续想各种办法放松，直到产生效果为止。过去有多少打压的手段，未来就会有多少放松和刺激的方式，这已经是摆在桌面上的明牌了。至于放松以后会产生什么效果，我们已经不太关心了。因为不管产生什么效果，这个阶段我们未来要采用的策略都已经非常明确。

我们讲过，在生育率和老龄化的双重拐点下，很多城市的房产从长期看已经失去了价值。

在这次放松过程中，如果成交量能起来，你要做的是尽早抛售手里在一线、强二线城市以外的多余房产，而不是选择买入。要把自己在三四线以下城市的那些房产，尽可能置换到那些产业具备优势，能吸引年轻人涌入的一线、强二线城市的优质片区。

对你个人来说，目前可能就是你抛出手里三四线以下城市不良资产的最后窗口期了。过了这个村还真不一定有这个店了，未来三四线以下城市的那些房子，会随着人口老龄化和生育率下滑，越来越不值钱。

对于已经在一线、强二线城市的人来说，这个时间节点可能是你做置换的窗口期。因为即使在一线、强二线城市内部，未来的分化也会很剧烈，好的板块保值作用明显，差的板块几年不动。

可能到现在为止，也有很多人已经发现了这件事情，在强二线城市，分化已经体现得很明显了。比如，在杭州、成都这类强二线城市，未来科技城、南星、申花和高新、天府新区这类板块会相对保值。

很多老城区的房子，城市界面和周围产业差一点儿的板块，房价这几年根本就没动过，连贷款利息都跑不赢，就连以前可以大幅跑赢的老破小学区房，这两年也开始黯然失色了。

影响经济的关键因素是预期

2022年10月，有人提了个很有意思的问题，是关于收入预期变化对消费和投资的影响。他说，最近大半年，是不是因为大家短期内的收入降低了，所以不管投资还是花钱什么的都非常谨慎？从他自己身边的情况看，就连最爱消费的那批人，都在提前还房贷降杠杆了。

其实这个说法不太对。如果看存款上半年的增长，就不是这么回事了。2022年上半年消费的增长不怎么好，但是居民整体存款增长了十万亿，增量其实并不少。

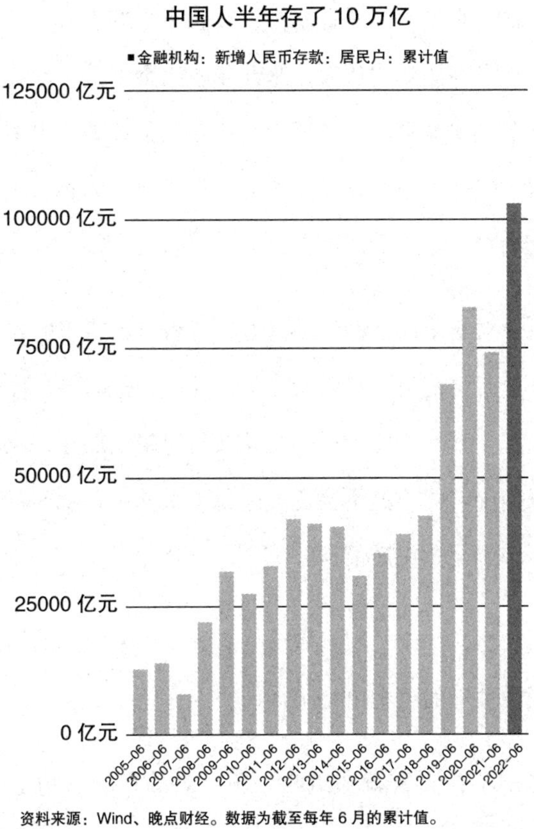

资料来源：Wind、晚点财经。数据为截至每年 6 月的累计值。

存款能增长这么多，也侧面说明了整个社会的财富总量或者说整体的积蓄是在增加的，不然存款就不会有这么大的增幅。

既然整体上存款在增加，为什么消费增速却不怎么好呢？因为对于消费这件事，未来的收入预期是非常重要的。

对多数人来说，如果你对短期或者未来的收入预期比较好，比如觉得自己在短期内或者未来几年收入会上升，你会愿意多花点儿钱去消费。甚至因为预期未来的收入节节高，很多人甚至会透支消费，先把未来的钱花了再说，反正未来的收入还会上涨，就算透支消费，也不会还不上。

如果你对未来的预期没那么好，觉得自己将来的收入比较难增长，甚至有可能会下滑或者有失业风险，这时候，你的消费行为就会出现一百八十度大逆转，花钱变得越发保守，也不会愿意贷款扩张信用。你不但不会透支去花未来的钱，就连花现在手里有的积蓄，都会非常谨慎。

从某种意义上说，财富效应或者说对未来收入的预期变化，对居民消费预期的改变也是很大的。

举个例子，大家就知道收入预期对消费的影响是怎么产生的了。

很多人在资本市场做过投资，了解到资本市场有没有财富效应，可以说对人们消费预期影响是非常大的。如果市场能上涨一周时间，你会看到很多人在微信群里讨论发财以后去做什么，这时候我们就能看到收入预期变化对大家消费预期的改善是立竿见影的。可能是因为这个钱不是通过辛苦劳动或者上班赚来的，大家花起来也不心疼。从某种意义上说，这也是为什么很多赌场的旁边都是名牌店，因为赢钱的那些人觉得这些钱来得比较容易，买起东西来都很大方，这就是正常人的心理。

同样的道理，当投资者在市场上涨过程中赚了钱，大家也变得愿意花钱了，起码在吃喝上是更舍得花钱了，吃个高价菜、喝瓶高价酒也不心疼了。如果能涨个三五周，你就会看到有人开始讨论名车、名表了，大家纷纷表示想换个车、换个表。要是敢连续涨三个月，那讨论的可能就不是车子了，而是一二线城市的大平层。

对多数人来说，终极消费就是住房，赚钱以后最终又会拿钱去买房。这也是为什么每次股市有一大波之后，楼市就会随之跟上，二者的相关性还是比较紧密的。

财富效应带来的消费改善，开始的时候是餐饮消费、汽车消费、奢侈品消费，但最终利好的还是房地产。这些钱通过房地产流入到日常消费和房地产市场以后，又会向下游传导变成另一个人的收入，促进消费的正向循环。

财富效应和预期改善带来的结果就是这样，消费在这个过程中也不知不觉就起来了。可以说，二者基本是相互促进的关系，而且是良性的相互促进。

从经济学的角度讲，一个人的消费等于另外一个人的收入。如果有财富积累的那批人都不愿意消费，那么必然有另外一批人失去了很大块的收入，之后会继续减少消费。

在大家的收入没有增长预期的情况下，花钱必定就会更谨慎，消费相对来说也就没那么好，这又变成了一个逆向循环。

所以，对未来的收入增长预期，对人的消费行为影响是不是很大?

对人的消费行为产生影响后，随之而来的就是对整体经济的影响，目前我们遇到的就是这样的情况。

大家知道驱动经济增长的有“三驾马车”，分别是投资、出口和消费这三块。其中，出口是外部市场的需求决定的。外部的需求好坏或者说需求变化，我们是没办法决定的。最近有关外部需求可能最好的消息，是美国那边持续通胀的高企可能要见顶回落了。

在目前出口这个外部需求明显萎缩的情况下，想要维持经济增长就要更加依赖投资和消费这两块。

投资部分我们自己可以通过财政刺激的方式，通过发行专项债等来提高投资，刺激总需求，现在已经开始逐步落地了。

最后，只有消费部分的改善才会在很大程度上扭转大家的预期，让大家对未来收入有增长的预期，或者有一定的财富效应。

只有当这种预期扭转了，大家才愿意花钱、才敢花钱、才能促进经济的良性循环。

第四章

职场竞争激烈，我们如何突围

很让人意外的事

2020年以来由于疫情的关系，不管是国内还是国际的人员流动都不方便，所以在很长一段时间里，我一度以为出国留学的人少了很多，留学机构的生意不太好做。

2021年，我家里有个亲戚从留学机构出来创业，这两天聊起来创业的情况，发现实际情况和我想的完全不一样。

很让人意外的是，留学机构的生意非常好，好到超乎我的想象。现在出去留学的人，远比我想象的多得多，因为人实在是非常多，申请学校的难度也比前两年高了。唯一的不一样是，之前由于疫情不方便出去读书，很多人是交了钱以后在国内上网课。

为什么出入境不方便，还会有这么多人选择去留学呢？原因也非常简单，现在大学毕业以后找工作没那么容易了，大家都想着提高自己的学历，增强竞争力。

很多人从大一就开始准备考研，这导致国内考研的人变得越来越多。虽然中间也有扩招，但扩招的速度还是赶不上考研人数的增长，考研的难度也变得越来越大。国内考研越来越难，使得很多人本科毕业以后只要家境还过得去，就会选择出国读个研究生。

前两年出国读研还是比在国内容易的，这两年因为出国的人实在太多，出国读研这条赛道也变得越来越卷。虽然出国读书不方便，但是由于申请的人实在太多了，留学机构的生意依然非常好。

从下图可以看出在2015年之后，考研的报考人数每年都在高速增长，看看这个上升的斜率有多惊人。

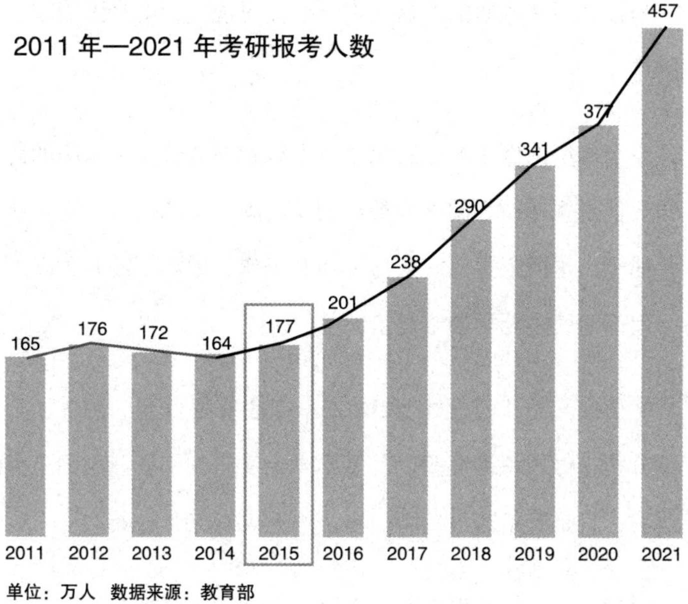

考研的报考人数增长最快的2021年，居然比2020年增长了80万，增长率达到了21%，再创历史新高。这个增速是非常吓人的，要知道五六年前考研的总人数，才只有177万，而2021年一年增长的人数就达到了80万，这已经达到了五年前考研总人数的近50%。

不过2021年的457万人考研，应该还不是最高点。要知道现在一年大学生毕业总人数不过也就1000万人，报名考研的就差不多要500万人。

为什么现在考研的人这么多？前面也说过，就是因为就业非常困难。

举个典型的例子吧，我家里有个亲戚在省会三甲医院的药房工作。他说现在新来的学历最低的是名牌大学的硕士，甚至还有一些博士。这所三甲医院药房发药的工作，根本不需要太高的学历，但门槛就是药学硕士起步。

你研究生博士读了半天HPLC（高效液相色谱），学了半天解谱分析，做了很多实验，写了不少论文。到了毕业跑到三甲医院药房，只是为了跨过招聘门槛，想想也有点儿心酸。

说到这里，想起以前有人问过一个问题，说现在天天喊着年轻人口不够了，老龄化要来了，按理说缺人的话，就业应该变得容易，可为什么这些大学生毕业以后，就业越来越难，门槛越来越高呢？

原因很简单，因为科技发展没有突破，导致生产力停滞在目前的水平线上了。

生产力没有突破，整个社会的经济总量就限制住了，增速变得越来越慢，能给你提供的新增岗位也越来越少。通俗一点讲就是经济增速放缓以后，虽然本科生只占到全部人口的7%，但每年需要大学生的新增岗位也越来越少。再加上信息化和自动化程度提高以后，之前需要三个人做的岗位，现在可能只需要两个人就可以做了。

这等于说，一方面，经济增速放缓以后，新增的那些需要大学生的岗位变少了；另一方面，不但新增的岗位少了，以前需要大量人力的岗位，也因为信息化和自动化而减少用工。两个因素相互叠加之后，你会发现，现在的就业市场已经消化不了这么多大学生了。所以本科生毕业以后找工作越来越难，大家没办法只能卷起来，继续考研提高学历。

这两年其实不管考公、考编，还是考研，报考人数已经冲破了云霄，而且显然还会越来越多。这种现象不过是因为现在钱难赚，大家都想找个相对稳定的避风港，或者提高学历以后，将来出去找工作起点高一点儿，竞争小一点儿。

有人问，未来深度快速老龄化以后，很多人老了、退休了，很多岗位空出来，将来年轻人读书找工作是不是就不会那么卷了？

读书越来越容易确实是没错的，学校这类配套减缓的速度，要比新生人口下滑的速度慢。

所以将来孩子读书会越来越容易，老破小学区房这玩意儿在很多地方很可能会变得不值钱。

看数据，二胎高峰是从2016年前后开始的，之后出生人口就是一路下滑。

2016年出生人口是1883万，2017年是1765万，2021年是1062万，四五年时间下滑了快一半。

等于说，很多孩子只需要晚出生几年，高中和大学录取率在很多地方就能暴涨一倍。

2013 年—2021 年中国出生人口数量统计

小学招生也是一样的道理，虽然新生儿出生率下滑会导致未来学校的招生规模出现下滑，但这个缩减是一个缓慢的过程，不可能像新生儿出生率的下滑速度这么快。这意味着学校的招生规模和编制缩减，比生源减少要滞后。随后几年出生的孩子数量虽然少了，但是配套的硬件和师资并没有少，所以他们可以享受到更小班级的教学，和更高的高中和大学录取率。

有人说投资需要择时，其实父母帮孩子选择什么时候出生，也是个技术活。

在二胎高峰期2016年—2017年出生的孩子，真的是亏了，因为当年的出生人口太多，未来他们干什么都会很卷。

一个孩子在哪个年份出生，这一年孩子出生数量的多少，还有当地生育率的高低，这些因素首先决定的就是孩子大一点儿以后面对各种考试竞争的难易度。

目前最典型的例子就是黑龙江，那边的生育率已经跌破1%了。虽然新生儿减少了很多，但是学校的招生规模和以前比并没有减少太多。

同样是高考，现在黑龙江的本科理科提档线不到300，可以说非常低了。要是到了河南、山东这种高考大省，四百多分也只能上专科，没有五百分，上本科想也别想。

虽然未来几年孩子读书可能会更容易，但是年轻人就业想要不卷，可能还需要更长的时间。

对于这两年择时出生的孩子，虽然低竞争优势可以伴随着孩子的整个童年，但是这个好处，也就到大学毕业为止了。因为生育率降低和人口深度老龄化以后，带来的是整个社会总需求的降低，以及就业竞争更加激烈。

社会总需求降低以后，总消费就会减少，伴随的就是总投资和再生产的减少。之后就是需求收缩带来的本土投资收益大缩水，以及企业经营的全面保守化。

这时候，工作岗位自然也就随之少了，年轻人就业随之可能会变得更卷了。

这个阶段你就是搞负利率刺激投资用处也不大，因为没有新增需求就没有新增投资。

以前总听到有人说，因为新生人口少了，等这批老人退休以后，年轻人找工作就没那么卷了，但最终结果可能会和你想的不太一样。因为需求带来就业收缩的速度，有可能会更快。这个情况可能要到2040年—2050年出生的一代人成年以后，也就是2070年左右才能缓解。这时候，老年人口已经开始下降，整个社会的养老压力没那么大了，之前的过剩产能也去掉了，全社会的供需也平衡了。所以可能从那代人开始，年轻人会感到不管是读书还是就业，都变得轻松了很多。

不过，那个时代距离我们这代人还是远了一点儿，不管是八零、九零后，甚至零零后都应该赶不上了。

所以还是那句话，能早占坑就早点儿占坑，后面人多坑少的情况会更严重。

为什么现在所有专业都在劝退

很多人小时候应该都听说过“学好数理化，走遍天下都不怕”这句话，最近两年再听到这句话的时候，已经变成“学好数理化，不如有个好爸爸”。以此可以看出社会经济发展从增量步入存量以后大家的心态变化。

大多数的社会问题，本质上都是经济问题。大到国家，小到个人，都是一样的。

搞清楚社会问题的背后到底发生了什么，就能明白为什么人们的心态变化这么大，做选择的时候，思路也会更加明确。

一、20世纪60年代后期到70年代初期

新中国成立之初，可以说百废待兴，国内尤其缺乏工业技术人才。当时我们的工业落后到什么程度呢？汽车、飞机、坦克这些我们都造不出来。

新中国初期的工业发展，得益于后面的“中苏蜜月期”。我国在第一个五年计划期间，接受了苏联的156个援助项目，这些项目主要是重工业。伴随着项目来到中国的，还有1.6万多名苏联技术专家。

巨量的资源和技术人才输入，使得新中国短时间内就实现了从落后的农业国到工业国的转变，也让中国对工业技术人才的需求出现井喷。

这时候，高等院校主要培养的是国家工业化初期需要的工业技术人才。这个阶段，大家步入大学以后要做的，就是在四年的大学生涯中完成工科课程的培训，成为合格的工业技术人才。

国家按需培养，把毕业的大学生统一分配到需要的岗位去，服务于建国初期的重工业。只要他们把数理化这类基础知识学扎实，能适应工作岗位的需求，那就是优秀人才。所以，学好数理

化，真的是走遍天下都不怕。当然，这时候也不存在什么找工作的问题，考上大学就是天之骄子，国家就给你分配工作。

虽然后来中苏关系破裂，各种风波不断，我国的高等教育也受到巨大冲击，但是因为工业化还没有完成，我们的高等教育依然保持了之前的培养模式，也就是以培养传统工科和重工业技术人才为主。

1977年，国家重新开始恢复高考。1978年以后，改革开放也正式开始了。不少读书好的孩子通过高考去了大学，毕业后即将步入政府机关和大国企工作，对很多农村孩子来说，这无疑意味着逆天改命。他们从过去的土里刨食，变成了拿到国家的铁饭碗，而这一切，都是通过读书考试得来的。那时候考试的科目主要就是数理化。

20世纪50年代那句“学好数理化，走遍天下都不怕”，又在20世纪70年代末80年代初恢复高考之后流行起来了。这个时间段考上大学的那批人，可以说是上升通道最顺畅的。

20世纪80年代初大学毕业的人，工作以后发现，单位领导的年龄是断层的，很多领导年龄已经超过50岁，干不了几年就要退休了，只要甩开膀子努力干十年，就可以再升一级。十年时间已经足够等到那批50岁左右的领导退休，腾出位置来。就算在单位混得差一点儿，随着自己上一级领导的更替，二十年后该升迁的也完成了升迁，人到中年也差不多有个很好的职位。

这批人基本就是大部分的20世纪60年代和少部分70年代初出生的人，他们是刚刚恢复高考以后考上大学的那批人。当时，就算没有很高学历的人，只要脑子足够灵活，也能抓住商机，因为当时生产力不足，导致供需存在缺口。

很多年长的人应该记得，20世纪八九十年代中学政治课本里有句话是这么说的："目前社会的主要矛盾，是人民日益增长的物质文化需求和落后的社会生产力之间的矛盾。"

当时市场上的需求远比产能要大，只要手里有货就能卖得出去。不少人下海经商，通过倒买倒卖，很快赚到了自己的第一桶金。所以那时候有一句话，"造导弹的不如卖茶叶蛋的"，反映的就是当时的状况。

倒卖东西是当时最流行的活儿，"十亿人民九亿倒，还有一亿在寻找"成为社会上最流行的顺口溜。各种投机倒把的倒爷、有门路的，都赚到了很多钱。

看过电视剧《我爱我家》的小伙伴，应该都很熟悉这个镜头。贾志新游手好闲，但是通过关系拿到不少盘条，做倒爷赚了不少钱。

没有门路的人，也可以利用市场价格不透明，赚到信息不对称的钱。今天的很多大型工业品生产企业就是在这个时间段崛起的，因为当时很多低端配套产品国内生产不了，需要从国外进口，当时又没有互联网比价，价格不透明。

信息不对称给了很多通过贸工技起家的企业积累第一桶金的机会，最典型的就是现在的联想。

从这个年代成长起来的人，他们看到的是，只要你敢闯敢干，遍地都是机会。改革开放初期的这段经历，让他们对此深信不疑。

只要你胆大敢拼肯努力，就能像他们一样，在奋斗中完成阶级迁越，过上衣食无忧的日子。这时候当然不存在什么专业劝退的问题，大学生数量本来就少，国家也给安置就业。

二、75年后到85年前出生的人

如果说20世纪60年代后到70年代初的人赶上的历史机遇，是改革开放以后大量的岗位空缺，那么20世纪70年代中期到85年前这一代人，见证的就是我们国家入世以后带来的经济高速发展。

加入WTO这二十年，是我们飞速发展的二十年。不光海外订单大量涌入，国内建设也是如火如荼。

2000年，中国的城镇化率是36.22%，高速公路里程只有16000公里，发电装机只有31932万千瓦。到2020年底，中国的城镇化率已经超过60%，过去19年平均每年提高1.2%左右。高速公路里程已经达到15万公里，平均每年新增7000公里。发电装机容量已经达到201066万千瓦，差不多翻了7倍。

短短的几十年时间里，人类历史上最大的工业国横空出世。

短时间内快速发展就意味着国家在大力投入搞建设，搞建设必然需要相关的人才。

所以在建设过程中，土木、电气这类传统工科专业的人获得了巨大的财富机会和上升空间，这就是国家快速发展赋予他们的红利。

1998年扩招前后进入大学深造的一代人，感受尤为明显。他们毕业的时候恰好赶上中国2001年加入世贸组织，这是国家开始大规模搞建设和飞速生长的起点。海外大量订单不断涌入，国家建设需求也是如火如荼，史无前例的巨大市场空间，带来了大量的人才需求。

扩招之前，我们国家不管是全社会高等教育人口的存量，还是这些建设配套的机构和企业的规模体量都比较小。市场突然间变大了这么多，很多机构和企业接下来必然的操作就是扩大规模。扩大规模，意味着很多部门是新设立的，有更多的新增岗位乃至领导岗位给这些新人，所以这批新人想要上升，遇到的阻碍非常小。

典型的就是设计院这个行业，因为设计是开发建设的前端。任何领域是否景气，设计院往往是第一批感受到的。

2001年，中国刚刚入世那几年，很多大型设计院每年新进单位的人员数量，是20世纪八九十年代的七八倍。在这个阶段，我国的经济发展实在太快了。市场规模和订单增长的速度，远比符合岗位要求的人员增长的速度要快。这种发展带来的结果是，21

世纪初的时候，在设计院工作，只要你有点儿水平又肯干，每年就有三四十万元的收入。

当时名牌大学的建筑专业能火热到什么程度呢？这个专业的人还没有毕业就有公司找上门，甚至能够预付薪水。如果男生有女朋友的，公司甚至帮忙安排工作解决后顾之忧。这些人没干几年就能做个小领导，大笔的项目经费从手上过。

那时候，房价也不高，在这种单位辛苦干一年，就能赚出一套房的人比比皆是。

当设计院把项目设计好了，下一步就是要搞建设，建设就需要大量的钢筋水泥这些建材。每年高速增长的建材需求，又带动了大量资本投入建厂，随之而来的是更多的工作岗位增长。这些项目建设好了，想要在短时间内投入运转，还需要更多的人员运营维护，这又带来了工作机会的增长。

很多技术人员进入企业以后，短短几年就成为核心业务骨干。有些人干几年就可以直接去新开的同类分公司，走上领导岗位。

这类故事在21世纪之初屡见不鲜，这一切都是国家在快速发展时期经济增量带来的。

不过，需求端不会永远高速增长，一旦野蛮生长到一定的阶段，就会出现饱和。这时候，经济就会变速换挡进入新常态，所有行业开始步入小步碎跑的缓慢增长。我认为这个转折点发生在2010年，也就是2008年全球金融危机四万亿放水之后。

2010年是20世纪80年代末出生的那批人开始进入就业市场的时候，也就是从这个时候开始，我们的产能在四万亿投资的背景下，开始变得过剩。怎么就突然过剩了呢？一方面是投资四万亿以后，我们新增了大量产能，另一方面是外部市场购买力也在减弱。

从2001年开始，美国把我们这个世界工厂和美元捆绑，用中国商品给美元做背书。我们国家这边整体可以看成是生产端，老美那边是消费端，出口的这些日常消费品，主要是西方普通老百姓消费的。

巨大的贫富差距导致西方底层的购买力越来越差，消费能力也变得越来越差。社会的财富越来越向富人手里集中，穷人的消费能力越来越差。全球经济在这个阶段从之前的增量市场开始进入到存量市场。

在增量的经济时代下，经济总量高速增长，国家人口红利还在。低成本劳动力大量涌入城市，城镇化轰轰烈烈。各行各业快速扩张，企业无论大小，都有机会从市场里面分一杯羹。这个阶段就像二战时候的美国、20世纪七八十年代的日本和20世纪90年代以来的中国。

在存量的经济时代下，经济增长放缓，人口增长放缓甚至停滞，劳动力红利越来越少，城镇化的空间也越来越小。各行各业都发生了巨大的分化，企业间竞争加剧，大吃小也会成为常态。20世纪80年代的美国、90年代的日本，还有2010年以后的中国，就处在这个状态。

为什么会出现分化和大吃小呢？因为产能过剩是市场经济的不治之症。完成工业化的国家，在解决了基本的生产匮乏问题以后，如果没有科技突破或者开拓出新的市场，随着产能的提升，大部分传统产业都会出现生产过剩的问题，然后就是大家打价格战杀成一片红海。

最终的结果就是各行各业回归平均利润，保持在一个仅能维持运转的微利水平，小公司的市场被大企业占领。

企业利润水平不高，员工收入自然也提不上去，购买支付能力也没办法提升。因为产能源于需求，需求源于消费，消费源于工资。企业利润降低，则会减少工资，这是个连锁反应。到了这个阶段，多数传统产业已经没办法像过去高速发展时期一样，给大家提供比较高的薪资福利水平。整个行业利润微薄，导致从业人员的收入多年不涨，这都是因为行业增量不再了。

大学里面的多数传统工科，对应的就是这些陷入产能过剩的传统产业。这就是现在几乎所有专业都在劝退的原因，85后这批人面临的就是这个状况。

三、存量博弈

资本是逐利的，如果发现制造业产能过剩，传统行业投资没钱赚，自然会转换思路，投向利润更高的行业。

2008年之前驱动我们经济的，除了制造业投资，另外一个方向就是城镇化和房地产。

所以在2008年出现制造业产能过剩以后，我们看到最明显的现象，就是资金开始脱离投资实体和制造业，转向涌入房地产和其他各类资产。

这一现象在全球范围体现的也很明显，世界各大央行宽松政策放出来的钱，都被富人们拿去炒作资产。

也从2008年开始，全球从之前的按劳分配，逐步转向了2008年之后的按资分配。因为从2008年以后，全球都已经从靠劳动和勤奋就有机会致富的时代，过渡到依靠资本和金融才有机会致富的时代。

资金不断涌入资产炒作，大幅推高了资产价格。有一个明显的现象，多数人可能体会很深。2008年以后手握100万现金的人和手握100万资产的人，可以说距离被急速拉开。后者只是在2008年把手里的100万现金变成了房产，就赚到了前者几辈子赚不到的钱。

资产价格暴涨以后，年轻人痛苦地发现，自己辛苦赚的那点儿工资，根本跟不上资产价格涨幅。如果想在一线、强二线城市买房购置资产，可能更需要依赖于上一代的积累。这就是为什么大家会调侃说“学好数理化，不如有个好爸爸”。

近些年，资本大鳄们是不屑于投资房产的，因为杠杆和超额利润实在是太低了。他们选择的是涌向互联网平台，试图通过砸钱补贴，最终砸出个垄断。

这些年崛起的几个互联网平台，不管是网约车还是外卖，都是一样的打法，先是砸钱补贴买用户，等用户体量足够大，可以实现垄断的时候，就能对平台上的所有玩家收一道“互联网税”，获取超额利润。到这里还不算完，互联网公司还可以再把用户和数据拿到资本市场换一次钱。

这种一鱼两吃，已经是互联网领域的经典打法。不过金融和互联网行业最大的特点就是，它们只是瓜分存量做二次分配，没办法从根本上解决劳动生产率停滞的问题。

互联网公司瓜分的存量，几乎都是原来实体经济占领的份额，这也导致最近几年实体店越来难做。因为在全社会收入总量一定的情况下，消费这个蛋糕总量也是相对固定的。互联网从里面分走越多，实体能拿到的就越少。

假如你是个月入三千的普通人，在互联网不那么发达的时代，这三千块钱大多数是通过你每个周末去实体店逛街花掉的。现在互联网发达了，很多人也变得越来越宅，这三千块钱大部分通过网络花掉了。因为收入总量就这么多，消费的钱花在网络，就不会花在实体。实体参与者的数量如果维持不变，每家分到的蛋糕必然是越来越少。实体生意难做，本质上就是因为消费这块蛋糕被网络不断切走以后，剩下的部分越来越少了。

这些年除了计算机专业和金融专业，几乎所有传统的工科专业都在劝退，其实是同样的道理。

传统行业本来就因为产能过剩，行业利润微薄，从业人员的薪资福利涨不上去。现在蛋糕又不断被切走，市场份额也在不断萎缩。在这种情况下，更没可能给从业者提供相对满意的收入。这个阶段的市场份额还在不断增长的，只有那些在资本加持下从实体不断切走蛋糕的互联网和金融行业。

干活能赚多少工资，和你的公司赚不赚钱有很大关系。比如说在净利润3%的汽车厂做工程师，收入可能比净利润30%的互联网新人程序员还要少得多。收入的差异导致最聪明的那批人削尖脑袋往金融和互联网行业钻。

四、越老越吃香是时代产物

以前有个好笑的说法是："开始薪水低不要紧，可以熬时间，有些行业越老越吃香。"得出这个结论的，大多都是基于自己过去几十年经验和观察的中老年人。

每个时代的红利是不一样的，用上个时代的红利去套下个时代的红利，是非常可笑的。一个人做选择的时候，忽略了对历史进程的研究，结果注定是一个重大悲剧。

在过去的四十年里，国家在高速发展，尤其改革开放初期，所有行业都有极大的人才缺口。

以大学来说，20世纪70年代来刚刚恢复高考，高校的师资力量青黄不接，极为缺人。再加上当时大学生也少，很多人本科毕业就能留校，然后读个在职的硕士、博士。那时候的老教授，往往比新老师大二三十岁，没几年就要退休了，所以很多人上升也很容易，四十岁就做了教授，职业发展一片坦途。

伴随着中国的高速发展，国家的科研投入也在加大，这批人又很容易拿到大量经费，年纪越大，混得越风声水起。那个时代除了学计算机是吃青春饭，恐怕学什么专业都是越老越吃香。

现在的高校，博士毕业进去做青年教师，差不多都是非升即走，压力完全不可同日而语。

恢复高考四十年后，高校培养的毕业生已经存量巨大，但是多数行业的增长却越来越缓慢。增长慢了，机会自然就少，新的职位也少。再加上现在干部年轻化，你上一级领导都还很年轻，可能也就比你大十岁左右，大家差不多是一代人。熬到他退休你能当上领导，还不知猴年马月。在目前的环境之下，人们压力巨大，上升机会渺茫，怎么可能还会像以前越老越吃香？

前两年总听人说，生化环材[①]、机械类传统工科都是天坑专业，不光是就业不太容易，就连薪资水平也很难上去。

其实不光是这几个专业，现在除了金融、计算机等少数专业，其他的专业几乎都已经陷入这个状况。原因是经济已经逐步从过去的高增长时代进入到中低增长这个新常态。未来步入存量博弈，已经是不可避免了。

当经济有增量的时候，大家日子都好过。当增量不再持续的时候，日子就开始难熬了。如今几乎所有专业都在劝退，本质上是因为经济增长放缓以后，蛋糕都被分完了。

传统行业分完了，计算机也快分完了，目前的存量市场就是这个状况。

① 生化环材：生物工程、化学工程技术、环境科学与工程、材料科学与工程四个领域的统称。

目前可以说没有一个专业对口的就业市场情况是乐观的，除了程序员相对好一点儿。因为近十年来，移动互联网算是新兴行业。这个行业不断从实体经济中把存量蛋糕切出来，加上近几年增速又非常快，给了从业者大量的上升机会。在以前的增量市场，有个大学生标签就够了。

在存量市场，光有大学生这个标签是不行的，还得学有增量的专业才有前景，最近十年的互联网行业就是典型案例。

另外，这些年也没有新的科技革命了。生物科技、人工智能、热核反应等领域，大家都在押宝。到目前为止谁也不知道能不能真的突破，搞成一个就是几十年红火，搞不成大家就继续卷。

随着社会进入中低速增长，全社会能提供的机会越来越少，70后、80后想要通过教育投资实现阶级跃升的可能性会大大降低。

家长们通过对子女寄予厚望，在教育上高投入拼娃，期待其在未来二十年后3%增速的平稳社会里翻身，如果不是超级厉害的孩子，机会不大。

家长只有努力提高自己的占位能力，才是目前的正道。大多数家长都搞错了方向。

尾　声

在目前的就业情况下，我们应该如何选择大学的专业，才会有更多的机会呢？

首先，高考报志愿时，最好先选城市，再选学校和专业。大家可以尽量往家里能负担得起房价的一线、强二线城市走，一线、强二线城市的机会多很多。其次，专业方面对多数人而言，建议首选理工科，因为一旦你学了文科专业，意味着将来的选择非常少。

举个例子，假如你计算机专业毕业不想从事编程工作，最终决定转行去卖房，但如果以后你不想卖房子，又想做编程工作了，这个时候，就会比学了英语专业转行做编程容易得多吧。

选理工科专业的时候，不要选择生化环材和机械类传统工科，目前这些专业毕业后的工作都不太理想。如果家里有背景，可以学经济、金融专业；如果家境一般，可以学计算机专业。家里没背景和资源的，选金融专业一定要慎重。现在大券商、大基金，每年就招几个人，而且招的人几乎都是名校毕业生，普通学校金融专业毕业的人，连大券商、大投行的面试都进不去，大多只能在银行做柜员。

如果上述专业都不适合你，还可以考虑读通信、电子和数学类专业。很多人不知道，数学的就业面很广。学数学专业的不管毕业后参加工作还是考研，或者从事计算机和金融方面的工作都很有优势。

总体来说，家里条件好的人，可以不考虑谋生，能够从兴趣或者其他角度考虑选择专业。如果你出身比较普通，需要找工作谋生，那建议还是要往技术方面靠，手艺人到哪里都有饭吃。

另外，以下几方面还要注意：

一、留学有很多陷阱，不建议去全球大学排名100名以后的大学。

二、本科就业前景不好的专业，不要以为考上硕士或者博士就会好起来。就算考上了，也不会有任何改观。读研几年后出来，工作可能更难找了。

三、成绩不是特别拔尖的普通考生，如果想要过上安稳且有质量的生活，体制内定向就业的院校是个不错的选择。比如部属或者省属的警校，或者一些军校。这些学校因为有政策倾斜，在很多地方是可以进入体制内就业的，虽然不足以让一个人大富大贵，但是相对比较稳定。

四、如果想读研究生，入学以后尽快详细了解自己学校的保研政策和分数算法。好学校保研率特别高，而且有各种各样的个性化保研政策，我们可以早点儿研究利用好规则。

五、如果你不打算搞科研或者家里没有矿，就不要去读博士，因为博士对大多数人的就业并不会产生太大帮助。

内卷可能还会加剧

金融这玩意儿虽然听起来高深，但其实也很简单，金融的重要功能之一就是变着法子跨时空借钱融资。

比如东南亚人要修个港口、铁路来问我们借钱，这就是金融跨越空间借钱的功能。

比如你买个房子，拿着自己通过劳动积攒的钱付了三成首付之后，又从银行贷款七成，贷款期限是三十年。这等于你通过金融手段里面跨越时间的功能，把未来三十年的钱借到现在来花。

从国家经济发展的角度来看，我们在2001年加入世贸组织以后，先是通过外贸积累了大量的外汇储备，之后通过这部分外汇储备做抵押物或者说资本金，再把这部分钱通过房地产进行信用放大。

同时借助金融跨时空转换的功能，把居民现在积累的财富和未来创造的财富拿到今天来用，以加速经济的发展。

不过，由此带来的问题是，居民未来的收入被拿到现在来用，相当于我们在通过金融跨时空转移的方式向未来借债。

把这个钱从未来拿到今天来花，这也意味着我们未来的收入被透支了。那么，透支太多、债务过重，会不会将来大部分的收入都要用来还债，然后大家没钱花了，日子变得很难过呢？

将来会不会日子很难过，很大程度上取决于经济的增长速度。因为经济增长的速度，决定了你收入上涨的速度。收入增长能不能超过债务，是这里面的关键。

在经济或者说GDP高速增长的阶段，我们会看到居民的收入也在快速增长。原因非常简单，因为GDP就像一张大饼，这张大饼做大的速度越快，我们每个人从大饼里面能分到的那一份就越多。

当GDP增长放缓以后，等于说这张大饼做大的速度慢下来了，每个人能从里面分到的自然也就变少了。

所以，在经济高速增长的阶段，虽然这部分从未来借来的债务也在高速增长，但是大家感觉压力并不大。因为伴随着经济的高速增长，居民的收入也在同步高速增长。伴随着居民收入和资产价格的增长，早期居民从未来借来的债务会被慢慢消化掉。

比如说2008年次贷危机的时候，老王在广东深圳花100万买了一套房。当时如果老王付了30万元首付，剩下的70万元贷了30年贷款。按当时利率算，一个月要还4000元。这时候老王每个月是十分痛苦的，因为2008年多数深圳打工人的工资也就三五千元，高一点的才七八千元。

但是很快，老王一点儿也不痛苦了。因为在政策刺激之后，我们的经济继续保持了非常快的双位数增长，伴随着次贷危机以后的四万亿和经济的城镇化驱动，老王买的房子价格很快就翻了两倍。老王的收入在这之后也水涨船高，从之前的每月三五千元，涨到了一万多到两万元。

如果在2010年之后，他参与的事情又赶上了移动互联网风口，可能很快年收入水平就涨到了四五十万元。老王之前买房借的那70万元贷款，伴随着资产价格上涨和老王的收入上涨，这时候早就不是问题了。

所以在经济高速增长、GDP增速很快的情况下，通过金融手段从未来借钱到今天来花，并不是什么大问题。因为伴随着经济的增长和大家收入的水涨船高，之前那点儿债务很快就会变得没什么压力，你还会收获资产价格的上涨。

不过，这个逻辑能维持下去有个前提，那就是经济必须一直维持高速增长，不能停也不能放缓。如果经济没办法持续高速增长，那么，很快就会出现收入的增长跟不上债务的增长的状况。

这个阶段每个月还债的压力会变得非常大，债务对居民日常收入的挤占作用也会非常大。由于每个月的收入大部分都用来还债了，居民的消费也会变得越来越乏力。国家想要调节整体的经济结构也就变得非常难，因为居民没有足够的消费能力。这时候生产出来的很大一部分产品就需要依靠外需，也就是出口市场来消化。

这里还是举老王的例子。老王在2008年次贷危机时贷款买房，每个月需要还贷3000元。在2008年，老王每个月收入也不过只有三四千元，所以每个月拿出3000元还贷是很痛苦的，但是伴随着后面国家经济的高速增长，老王的月收入也提高到了15000元，这时候，3000元的贷款压力就不大了。

早早贷款买房的老王，在这个阶段不但有更多的钱可以消费了，而且还享受到了资产价格上涨。

如果经济增长大幅放缓，那么之前的逻辑就不成立了，因为经济增长大幅放缓以后，老王的收入增长自然就会放缓。

这时候，故事的版本就会变成老王的月收入依旧是三四千元，每个月需要拿出3000元来还贷。

由于整体经济的增速下来了，老王的收入在将来很多年也停滞在某一水平，始终没什么太多的增长。等于说，老王每月赚三四千元，将来30年还要每个月拿出3000元来还房贷的这部分债务。在这种情况下，老王人生接下来的30年时间，始终都会处在非常痛苦的状态。

因为收入没有什么增长，导致老王每月还债的钱占据了大部分现金流。老王也就没什么钱用于消费，一辈子都在打工还债，日子过得紧巴巴的。

日本在1990年之后就遇到了这个问题，外需部分被老美打压收缩，内需部分因为国内老龄化收缩。所以当初在房价相对高位的时候背上高额房贷的那批日本中产，一直痛苦了二三十年。

那么，是不是想办法重新把经济增速拉起来，就可以消化这部分债务？

理论上确实是这样的，但是在科技水平没有新突破，全球生产力上限一定的情况下，经济增速不是你想拉就能拉起来的。

由于现阶段没有技术突破带来的生产力飞跃，全球整体经济增长已经非常缓慢。

在没有实现生产力飞跃，全球经济总量这块大饼没办法继续快速做大的前提下，想要从存量里面分更多的蛋糕是非常不容易的。

经济不是你想增长就增长的。原料从哪来，市场到哪儿去，这是个世界分配问题。如果没有这个问题，那么从17世纪到现在的世界历史都不复存在。

如果未来几年没有技术突破或者能源革命，全球经济增速还将继续放缓，大国之间的博弈也会加剧。

在这个大背景之下，目前大家感觉越来越内卷的窘境，很可能还会持续。大家可能觉得，各个行业这一两年已经很卷了，不但提供的就业岗位越来越少，要求和门槛也越来越高。这个情况在将来可能会更加严重，我们会看到越来越多的名校博士去考公、考教职，也会看到越来越多的人挤破头去考编制以求安稳。

多数传统行业到了这个阶段，就没有什么机会了。对年轻人来说，机会更多地在瓜分存量、创造新需求的行业。

前几年电商瓜分传统商业的市场，这两年新能源车瓜分传统燃油车市场都是典型的例子。

当然，现在还有个方向，也是非常值得我们观察和注意的，那就是很多人还不太关注的Web3.0[①]。虽然现在更多是概念的成分，但是在未来逐步成熟落地以后，对Web2.0的替代也会带来不小的增量机会。

①Web3.0，运行在区块链技术上的去中心化互联网。

内卷的本质依然是经济问题

内卷的本质，是整个蛋糕没法再做大的时候，大量无效的竞争开始出现。

理论上讲，竞争应该是能产生收益的。要是没有收益，就不会有人费时费力地参与竞争，但是在内卷背景下的竞争，是完全不一样的。这种竞争没办法让你上升，也没办法让你产生收益，只是让你低水平地消耗——内卷只会让大家付出的无效工作越来越多，收益越来越少。因为所有的要素分配已经完成，阶层划分已经逐渐固化下来，当然轮不到普通人了。

努力产生的回报越来越低，大家参与的兴趣自然就越来越低。因此，年轻人也会越来越失落，渐渐对奋斗提不起兴趣，就开始逐步躺平，进入到低欲望状态。

中老年人在传统行业中占据了大量资源，侵蚀了年轻人的生存发展空间。然而科技突破又没有出现，导致年轻人没办法在新产业获得机会。

大家觉得再怎么奋斗也看不到未来，所以就会出现懈怠感。

比我们发展早30年的日本，可以说是一面镜子。他们目前不管是老龄化还是年轻人低欲望躺平的现象，都在警示着我们。

一、年轻人的无奈

一个国家想要发展经济，首先要做的就是保护私有财产。要是没人保护私有财产，那你奋斗了半天，好不容易存下点儿钱，都被别人抢走了，谁还有心思努力去创造财富？但这也会带来一个问题，既然私有财产神圣不可侵犯，那资产肯定会出现代际传承。这就导致不同家庭里的孩子从出生开始条件就差异巨大，有些人生下来就带着几代人的积累，有些人生下来就一穷二白、家徒四壁。

人们除了积累财富，还要积累资源。家里有人是某个行业内的权威，自然能给你提供巨大的帮助——越是底层竞争，越是讲规则。越往上，就越是熟人社会。

如果你地位很低想去办个事，通常要先预约再申请，之后按照流程等审批。如果你段位很高，分管这个的人和你很熟，这些程序可能就免了。他可以直接介绍相关负责人给你，一个月走完的流程，半小时就帮你搞定了。有些地位很高的人去办事为什么比较容易，也是这个道理，而且社会越成熟越发展，这种状态就越明显。

多数人的起点都是从自己的出身开始的。一个人出身在什么家庭，是自己无法选择的。在社会进入存量竞争以后，普通人进入社会以后就会面临着巨大的压力。等到了入学年纪，直接就要开始教育军备竞赛，在升学大潮中和其他小朋友竞争。这几乎就是刀刀见血的肉搏战，要通过不断拼天赋、拼家庭财力，以求在竞争中胜出。

如果我们把人生比作打游戏，那么每代人面对的游戏版本是不一样的。

初代游戏大家都比较有激情，是因为那时候只要你好好玩，不但会得到各种奖励，还有各种意想不到的收获。游戏迭代几次以后，父辈不但可以给孩子传授经验，还可以花钱直接给他上装备。

你拼死拼活考上了好大学，学了新技能，而家庭条件好的人，哪怕学历一般，也可能获得和你一样的机会，再加上他们父辈的资源支持，你就很难拼得过他们。

在这个阶段单纯依靠自身努力，获得成功的可能越来越小。家族在背后能给的资源支持，变得越来越重要。

有很多人告诉你，没有成功是因为你自己还不够努力。问题是努力这玩意儿，从来都没有什么固定标准，而且游戏每次迭代以后，努力的标准也一直在变。

二、积累从来不是一代人的事

有个富家子弟说了句话被很多人议论，这句话是“我家几代人的努力，凭什么输给你的十年寒窗苦读”。这话听起来非常刺耳，却真的是句大实话。

现在一个人想取得一定的成就靠的早就不是一代人，更依赖于几代人的接力积累。不管是资源、人脉，还是金钱，都是这样。

现在这个时代和二十年前更大的不同，是资产价格水平早就不可同日而语。资产价格处在高位带来的直接结果，就是拼搏的难易程度跟他的家庭经济条件，以及父辈的资源支持有很大关系。

你想从事某个行业，家人恰好有业内资源积累，他们就可以给你介绍相应的人脉，你入行也会容易得多。家里能支持你买房的话，你就可以去一线、强二线城市定居。

2016年那次全国涨价去库存，对少数有资产的人来说，那一年身价直接翻番，凭空多了几百万。而对于手里没有资产的年轻人来说，奋斗仿佛成了个笑话。别人一夜间多了几百万，这些钱你可能一辈子都赚不到。

资产价格暴涨的结果是普通人“上车”的难度越来越大。如果没有家人的支持，单靠自己努力很难买得起房。因为上班那点儿工资，除去吃喝剩不下很多，也就没法购置资产；没法购置资产，就意味着没办法分享城市的发展。

这次资产价格暴涨对大家影响更大的是心理层面，工资没涨，首付和房贷却翻倍了。人生这个游戏的难度，突然翻倍了，中等难度变成困难模式，困难模式变成了地狱模式。

在这种情况下，如果一个人不是天赋特别出众，或者不是从事什么特殊行业，努力之后可能也没有见什么起色，很多人就认命了。

这个心路历程，有点儿像很多人小时候可能有个梦想，是要当个科学家改变世界。随着时间的流逝，发现这个目标太过遥远，所以目标不断被调整，调整到最后，自然就变成了没目标。很多人过一天算一天，只要能健康活着就好了。

三、科技停滞导致增量没了

机会越来越少，有懈怠感的年轻人开始增多，本质上是因为这个世界的科技进步停滞，已经太久太久了。

第三次科技革命以后，划时代的产业越来越少，基础理论已经几十年没有突破了。

科技是不是停滞，从中国的发展历程就很容易看出来。我们作为后发的工业国，只用了短短三十年时间，就通过高额的科技投入，吃透了三次工业革命以来的大部分技术。如果科技还在快速发展，那么中国在过去三十年，必然还处在赶超阶段。

没有科技突破的结果就是，想拥有别人没有的技术和利润，变得越来越难。在科技进步的背景下，过去在汽车行业一个活塞、一个安全带的创新，都能带来巨额利润。

现在科技进步停滞，各行各业的超额利润都逐渐被打掉，大家只能靠加强管理、降低制造和运营成本来维持企业的竞争力。

在这个阶段的制造业，其产能也变得越来越过剩，不光任何东西都有人做，而且竞争还非常激烈。

过去，学好数理化被视为保障未来职业发展的关键。但随着制造业过剩和利润下降，这条路逐渐变得困难。如今，除了金融和计算机专业，其他专业的毕业生很难找到理想的工作。制造业利润下降导致就业和提升薪资都变得困难，资本开始转向资产价格炒作和投资垄断互联网平台。资产价格炒作中，房产是最明显的例子。在货币超发的背景下，只有购买资产才能让手里的钱保值增值。

从2008年开始，全球都已经从靠劳动和勤奋就有机会致富的时代，过渡到必须依靠资本和金融，才有机会致富的时代。

当然，资本大鳄这些年已经不屑于投资房地产了，这个我们在前面的《为什么现在所有的专业都在劝退》文中讲述过，因为这个领域利润变低了。他们现在都涌向了互联网领域。他们通常是这种做法：创建互联网平台，前期对用户补贴，迅速积累用户，等用户量足够大的时候，最终会形成垄断。这个时候，他们创建的互联网平台就开始提高产品和服务的价格了，从而获取了极高的利润。

不过资本大鳄的这种做法，往往不能创造经济增量，而是从实体里面分蛋糕，这也导致了实体经济越来越难做。

四、还得靠科技突破

因为科技进步停滞，这两年我们的发展也开始步入阶段性瓶颈，这也是为什么最近躺平的声音突然大了起来。

经历了几十年的突飞猛进，我们把全世界中低层次的产业已经吃得差不多了，接下来要突破的方向主要是中高层次产业。大家看到的2025计划，就是奔着这个去的。

不过这个阶段出现了两个问题，一个是中高层级产业虽然利润相对更高，但因为自动化程度高，能容纳的新增就业人口相比中低层次产业并不一定多；另一个就是虽然新产业在陆续出现，但这些所谓新产业，不过是第三次科技革命的延伸，并不会带来更大的经济增量。

当然，我们也可以选择继续分一部分西方国家占领的中高端市场。这还是存量博弈。

用大白话说，就是由于目前科技出现停滞，导致全球经济增量不足，变成了存量博弈。

这种情况下，很难有足够多的新产业提供足够多的经济增量，把14亿人的生活水平再提高一个层次。

没有新产业、新经济增量，在存量博弈的背景下，社会开始出现固化就是在所难免的。

由于新产业、新经济增量有限，所以多数人就业，只能考虑社会上已有的成熟行业，但是这些成熟行业经历了多年的发展，格局早就已经固定下来了，壁垒也已经形成。每年的新增就业人口中，只有少数人可以通过参与有限的新兴产业，绕开现存的壁垒，其他多数人都做不到。

一个人在某个成熟行业有人脉有资源，就可以给家人提供优先发展的机会。但是，大多数人的家里没什么资源，这批人在成熟行业存量博弈的背景下，绕不开壁垒，就没办法获得上升机会。

内卷本质上都是经济蛋糕没法快速做大以后，机会逐渐缺乏和社会开始固化的外在表现。想要解决这个问题，在没有增量的背景下是非常难的，需要有新的科技突破。科技突破以后大量新兴产业出现，原有的社会壁垒就会出现松动，年轻人的机会也就来了。看到上升希望的年轻人，自然也就不会选择在家躺平，而愿意奋斗了。

为什么这两年不少年轻人就算辛苦，也会在直播短视频这些行业前仆后继？还不是因为这些产业不存在固有壁垒，能带给他们更多的可能和希望。

说到底，一切社会问题，都是生产力问题。生产力没法突破，没法做大经济这块蛋糕，个体就没办法从中受益。

尾　声

虽然非常希望近两年能看到重大科技突破，这样的话，经济增量就有了，年轻人也不用躺了，但这个希望的实现还是有一定的困难。如果未来很长时间，科技创新和制造业发展依然缓慢，就没办法带来新的增量。

后面发生的事情，一是资本回报率大于劳动回报率已经是趋势。增长速度慢下来以后，也会大于平均经济增长率。这种背景下，贫富差距会继续扩大，资产价格也会出现分化，这是经济发展的必然规律。因为没有科技创新带来的增量，只有存量博弈的情况下，有钱的会越来越有钱。再加上钱没地方去，最终只能投入到资产里面去保值增值，资产价格上涨会进一步加速贫富分化。

对大多数人来说，最主要的资产就是房产。如果你手里还有不少钱，还想投资房产，我们有一点建议：在京沪深这类一线以及强二线城市能够保值的区域购买房子，三线以下的城市完全没必要考虑。从房价的角度看，有钱人集中购买的地方会越来越贵，将会比其他地方高出一大截。

从日本目前的状况看，一个人成功与否，除了自己的努力和天赋，还要取决于自己手里或者背后家庭的资源和资本。

在这种背景下能获得机会的商品，主要是有着强烈个人符号化的产品。这个时代，人们消费的不是商品本身，而是基本物质需求得到满足后，开始追求差异化和个性化。

这种标签化的消费，追求的是一种归属感和身份认同，也就是所谓的符号化消费。所以出现了在白酒消费整体萎缩的背景下，以茅台为代表的高端白酒高歌猛进的现象，因为茅台也是一种符号化身份的象征。

第三消费时代的特征，就是过度消费和超前消费，所以这个阶段我们也和日本一样，买爆了全球的奢侈品，疫情期间也要挤爆免税店。不过现在第三消费时代已经步入尾声，因为超前消费总是有尽头的。目前这波需求，是以美联储为首的全球财政货币大放水带来的。这波需求冲击完了，接下来第四消费时代即将到来。

第四消费时代，也就是低欲望时代。这个时代在日本的代表性产业是一人食、宅经济。我们到时候会对应什么产业，还需要慢慢观察才能得出结论。

这个阶段，人们的注意力会越来越值钱。谁能吸引别人的注意力，谁就获得了财富的密码。在制造业产能过剩的背景下，能制造并不是什么优势，因为大家都能造，所以关键是看谁能把这些东西卖出去。能吸引别人注意力的人，能让别人购买的人，就是产业链顶端的人。

这个趋势这些年已经体现得非常明显，有些做主播的短短几年之内就积累到了大量财富，其实这也是最适合多数人发展的方向，小成本高杠杆。在互联网时代，不管你是打工还是做老板，都必须培养自己的流量意识。

目前各个短视频平台还没有彻底固化，也有各种免费的学习资源。在这个阶段普通人想做点儿什么，还不算太难。

而且对我国来说，现在依然还有不少机会。看懂政策跟着走，抓住几次政策红利，几轮下来就能获得不错的积累。这两年经常有人说起“浮躁”这个词，大家急于发财，也说明还有机会。什么时候大家都不浮躁了，心如止水了，也就是认命了，也就彻底进入日本那个低欲望、躺平的状态了。

不管是为自己还是为下一代，你都该抓住这段窗口期。你自己都抓不住，在固化的未来指望下一代成功，那是很难的。

第五章

未来，我们如何选择

人口问题的终局

我写过不少文章，聊了人口问题，说总和生育率一旦跌至1.5%，趋势就很难逆转。

有人一直在问我为什么要这么关注人口问题。因为人是生产者，也是消费者。一段时间内的人口趋势，关系到代际间养老金和医保的可持续性。甚至大家的就业、消费和房屋价值问题等一系列东西，都和人口问题息息相关。

本篇就讲讲人口问题对就业、消费和房屋价值的影响。

一、生育率下滑为什么这么快

我之前讲人口问题的时候，很多人觉得人口问题不可能非常严重，不要危言耸听。

统计局的数据出来了，全国2021年全年净增加了48万人。这个下降速度，已经出乎我的预料了。

要知道我们是一个14亿人口的国家，全年减去死亡的人数，只增长了48万人。照目前的趋势发展下去，未来几年人口步入零增长甚至负增长，也不是没有可能。

生育率下降这么快，从经济角度也非常好理解，归根到底在于养孩子是投资还是消费。

过去养孩子是投资，家里添一副碗筷，六七岁就可以帮着干点儿家务，十多岁就可以下地干活。将来孩子成家立业，只要孩子这边有吃的，多半总有老人一口吃的，那时候叫养儿防老。

现在养孩子更像是一种消费，城市中产养孩子少说需要花费几十万，多的需要几百万，上不封顶。如果不考虑孩子成长变化给家长带来的快乐，收益可以说是非常低。小时候家长需要花钱培养孩子，让孩子接受各种教育，长大了还要给孩子买房、支撑各种消费。别说养儿防老了，别养儿啃老就不错了。

养个孩子最有用的时候，可能就是你年纪非常大，需要人看护或者搭把手的时候。

在这种情况下，很多人都想开了，只生一个娃，根本不想多生，生多了负担实在太重了。

纵观各国历史，工业化以后带来经济发展和居民生活水平提高，随之而来的就是生育率下降，这是现代社会的绝症，几乎无药可救。

新加坡总理李光耀在89岁的时候接受了记者的采访，他也讨论过这个事情。

新加坡也一直存在出生率低的问题，一开始李光耀怀疑是因为房价太高大家才不生，于是启动了组屋计划，给每个新加坡人分房子，让大家居者有其屋。这下大家总该生孩子了吧，可到最后依然没有什么效果。

于是李光耀觉得是不是社会福利不够呢？带着这个怀疑，李光耀派人去北欧这类高福利国家调研。调研的结果是，北欧这类国家福利确实很好，但是当地人的生育率也并不高。

没办法了，李光耀决定引入外来人口以解决人口出生率低的问题。结果发现，这些外来人口的第一代，都老老实实生孩子，等到移民的第二代，也不生了。

最后李光耀做了个总结：生育率下滑的问题，在工业社会是无解的。

我认为原因可能就是经济发展、生活水平提高以后，大家都觉得养孩子太辛苦，回报率又太低。

二、出生择时也是个技术活

选择出生时间点是个技术活，因为不同年份出生的孩子面临的竞争难度不同。前几年二胎高峰期出生的孩子面临更激烈的竞争，因为出生人口多，未来干什么都会很卷。而随后几年出生的孩子数量虽然少了，但配套的硬件和师资并没有减少，他们可以享受更小班级的教学和更高的高中和大学录取率。然而，择时出生的优势仅限于考试阶段，就业时面临的竞争压力依然很大。因此，选择出生时间点需要综合考虑各种因素，以做出明智的选择。

新生儿多了，意味着早教、奶粉这类母婴行业都有钱赚，这些行业就没那么卷。新生人口大幅减少，意味着这些行业的潜在消费者在大幅减少，行业的从业者也就不需要那么多了。

这个过程带来的影响，是一级一级传递的。先是影响母婴消费，之后是影响成人消费，最后是影响老人消费，每一级最终都会受到影响。

企业是靠生产—消费—再生产这三个环节循环往复来创造利润的。

新生人口大幅减少会导致消费环节收入减少，最终带来公司营收的减少，随之而来的就是再生产的减少。再生产少了，意味着现有产能已经足够了，企业没必要扩张更大的产能，甚至有可能需要缩减产能。这时候，企业就不需要雇佣那么多的人，所以工作岗位也变少了，就业随之可能会变得更卷了。

以前总听到有人说，新生人口少了，工作就没那么卷了，这是好事啊，但可能最终的结果和人们想的不太一样。

三、对就业和消费的影响

世界近代史上没有任何一个国家或者城市，在人口处于下降趋势的时候，经济还能高速发展，还能提供大量的就业，企业员工收入还能持续增长。因为人口决定了消费，消费决定了市场，市场决定了生产，生产决定了就业。

拿一个城市来说，当城市的人口出现负增长，意味着这个城市各方面的整体消费需求，比如衣食住行都会出现下降。整体消费需求少了，如果商家还是和以前一样那么多，意味着每家能分到的生意变少了。商家赚不到钱，自然就不愿意待在这里做生意。做生意的人少了，雇佣的人自然也就少了。

所以出生人口减少，导致需求减少以后，意味着当地企业能提供的就业岗位也会变少。

在这种情况下，大家都是一个萝卜一个坑。一个坑里的萝卜退休了，下一个萝卜才能填进去。这会导致稍微好一点儿的工作岗位，都有大量的人竞争，要求也会越来越高。

城市人口数量减少，还会导致公共和服务设施慢慢消失，因为维持不下去了。

拿公共设施里的地铁和医院来说，这类公共设施需要有足够的人流量才能维持。

服务设施里的超市、饭店和理发店，也是类似的道理。没有足够的人流量，从业者就会选择搬走。

拿理发店来说，每个人通常一个月会理发一次。假如一天理10个人的头发，就能养活一个理发师，那么就需要周围的人口足够支撑这个理发师在一个月内给300个人理发的数量。假如这里的人口不够多，理发师就没法养活自己，他就只能迁徙到人多的城市，当地人也就只能自己理发了。

除了需求减少导致的就业机会减少，人口的流出也会让城市里各类从业人员的收入同步降低。对服务业从业者来说，人少了，你能服务的对象也就少了，收入降低就是必然的，很典型的就是前面说过的理发店。

对上班族来说，你每个月的工资是老板发的。我们知道，公司的利润=营收-成本，你的工资属于其中的成本部分。

当人口出生率下滑，导致消费环节出现下降，意味着营收出现了降低，而工资收入的天花板就是公司的营收。公司营收下滑时，首先想到的就是精简冗余人员，想办法降低成本。多数企业即使在裁员以后，也不会选择给留下的员工加薪，而员工将来的薪资涨幅也会非常有限。因为市场上工作机会减少的速度，比人口出生下滑的速度会更快，企业不加薪也能招到人。

以为人口减少了，地铁就不挤了，找工作就没竞争了，这种想法是错误的。人少了，工作机会也会相应地减少，还想着减少竞争呢，这不是做梦吗？可以参考人口已经负增长的日本，这个情况下的各类工作机会有没有变得更多，新入职员工的工资有没有涨？

四、为什么说人生发财靠康波

纵观世界近代历史，员工收入持续上涨这件事，多数发生在一个国家建国前70年那段经济快速增长的时期。

这个阶段往往也是一个国家婴儿潮一代步入社会、消费潜力无比旺盛的时候。每一波婴儿潮的威力，至少能影响此后60年的经济，这一点我们国家也不例外。因为婴儿潮一代人随着年纪增长，在不同阶段会存在不同的需求，这些需求会持续影响经济60年。

通常每一波婴儿潮之后的22—25年，会出现一波结婚潮，这个阶段的楼市是最受益的。

前两波婴儿潮到了结婚年龄的时候，我国还分配房子，所以房价波动不大。

第三波婴儿潮出生的孩子，在2006年—2016年间出现结婚潮，这时候我们已经步入商品房阶段，国家在加速城镇化。结婚潮带来的需求推动和居民财富积累到一定阶段派生的住房投资需求，推升了房价的持续上涨。这个阶段也是房产这项兼具投资和居住属性的产品，最受益于婴儿潮一代的时期。

观察历史规律可以看出，楼市的周期和婴儿潮周期密切相关。往后平移20年一般是首次置业的年份，往后平移30多年通常是改善型置业的年份。这也是我说未来楼市会出现明显分化，优质新房和次新房会在这个阶段胜出的原因之一。

一方面人口出生率下滑以后，很多城市能接盘的年轻人不够了，不少刚需住宅失去了金融属性。另一方面婴儿潮一代的改善需求还在，那些好户型地段好的房子，在很长时间内都依然具备保值价值。

在最后一波婴儿潮之后的40年左右时间里，因为新生人口减少，将导致很多城市的房产失去了金融属性。

可是大家的钱总要有投资保值的去处，这时候就会出现投资潮。对多数普通老百姓来说，能选择的投资工具并不多，无非就是股票债券，所以这个阶段股市最受益。

可以说，这是过去发达国家普遍存在的规律。未来在我们国家会不会应验呢？我们可以拭目以待。

五、楼市正在起变化

通常从历史规律看，一个国家的城市化进程，一般会分为三个阶段，分别是城镇化、城市化和超级城市化，这三个阶段会对楼市产生不同的影响。

城市化的第一阶段，是城镇化。这个阶段不管是一线城市也好，还是二线省会或者热点城市也好，甚至三四线及以下的城市，以及部分地级市、县级市，基本都在复制一个模板。

三四线及以下的城市，从下级城市甚至农村吸收人口。一线和二线省会这些拥有资源优势的城市，从省内甚至全国吸收人口，然后再以这些大、中、小城市为中心，开发房地产。毕竟人来了，总要有地方住。新市民通过买房，给城市缴纳“进城税”，同时被锁定自己未来二三十年的现金流。这些大、中、小城市通过房地产开发和卖地，获得开发资金，进行基础设施建设投资。

在这个阶段，不管是大、中、小城市的发展都大同小异。支撑这些城市扩张和发展的，是房地产带来的信用扩张和农民进城的叠加效应。

但是人口增长一旦逆转，城镇化阶段基本就结束了。随之开始步入城市化的第二阶段，也就是所谓的都市化，人口开始向都市集中。这个阶段影响最大的是三四线及以下的城市，还有下面的县级市和地级市。因为农村人口不够了，过去支撑这些三四线及以下小城市的人口来源也就没有了。

这个阶段，你会看到以省会为中心的都市圈在快速崛起，就像我们最近两年看到的一样。

很典型的是陕西省，整个陕西的人口只有3000多万，西安的人口就有1000多万。如果观察陕西省内的人口流动趋势，你会发现省会对周边的地级市和县级市的吸附效应明显。但是在新增人口整体出现转折点的情况下，这也意味着西安这个城市的人口潜力，也要被耗尽了。

西安只是一个样板，未来你会看到这样的情况越来越多，几乎所有的省份都会发生或者正在发生这种情况。

房地产行业有一句俗话："短期看金融，中期看土地，长期看人口。"拉长时间周期来看，多数省份可能只有省会这类人口第一大城市的好地段房产，才能起到保值的作用。就连人口第二大城市都无法保值。所以说，未来大多数城市都很难靠房产保值了。

六、超级都市化

未来我们的城市化将转向都市化，其原因非常简单，因为我国的就业岗位大多和房地产基建，以及基础的服务业存在强相关。

目前农村人口流入城市，许多农村人口逐渐减少乃至消失，这意味着一些中小城市过去从下级城市吸收人口、搞房地产和基建的玩法继续不下去了。未来能让这些中小城市人口灵活就业的很多岗位也会随之消失。

这时候大家的选择也非常简单，要么去省会内卷，要么回家种地。有条件的富人会逐步迁走，剩下的就是没能力迁走的那批人和一些老人。最终的结果是，下面的地级市和县级市将被彻底抽干，变成一个老龄化衰退城市。

我一直说未来三四线以下的房子未来是消费品，就是基于这个考虑。

如果你现在还不趁别人没有反应过来，把在小城市买的多余的房子卖出去，那么，未来你一定会发现，这些中小城市的房子会变得越来越不值钱。其实这个进程现在已经开始了。

三四线及以下的城市，甚至其下面的县级市和地级市，那些单价过万的房子，也一定会随着人口的流逝而逐渐变得有价无市。

如果城市化第二阶段走到尽头，人口的出生率依然得不到有效提升，就会步入城市化的第三个阶段——超级都市化，就像日本的东京圈一样。

理论上来讲，人口是逐级流动的，一般是从农村到小城市，再到省会城市，再到一线城市。然而，随着小城市的就业机会不断减少，小城市和农村的人口都会直接流入省会城市。

同样的道理，当小城市和农村的人口被抽干，人口出生率又没有逆转的时候，一线城市因为就业和资源的压倒性优势，又会从内陆省会“虹吸”人口。日本过去发生的就是这个状况。日本的各个省份，先是农村和小城市的人口被省会抽干，变成老龄衰退区域。之后生育率没有逆转，人口进一步向东京这个超级都市圈集中。

我们国家由于人口结构比日本晚了30年的缘故，目前还处在城市化的第二阶段都市化，日本已经步入了第三阶段超级都市化。

如果观察我们人口出生的降幅速度，会发现远比日本过去发生的速度要快得多。

下图是中、日、韩三个东亚主要国家千人出生率的走势图形，以及各国从千人生育13%—14%平台期降到7.5%左右所用的时间。

日本从1980年到2017年，花了37年时间。韩国从2000年到2016年，花了16年的时间。

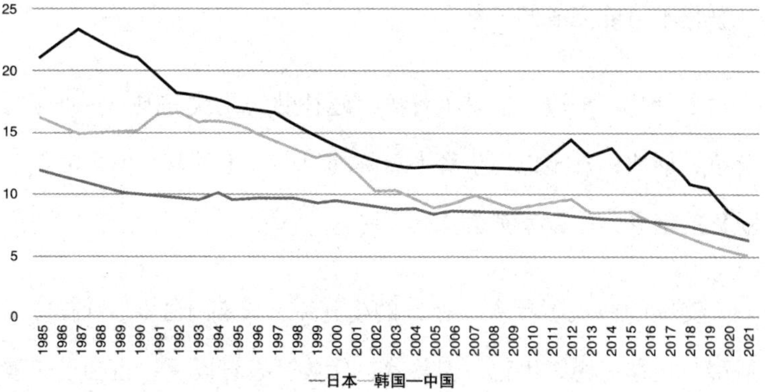

中、日、韩 1985 年—2021 年千人出生率走势

我们完成这么大的降幅，是从2016—2021年，仅仅只用了5年时间。

为什么这些年国家着急去三四线及以下城市的楼市库存，努力促进产业转型呢？就是因为人口因素。人口出现转折点，意味着中小城市房地产投资熄火和传统产业链的全面衰落，过去造新城的游戏，现在玩不下去了。

七、人口减少会逐级传导

很多人觉得可以靠财政补贴和市场来逆转生育率，在我看来几乎是不可能完成的任务。

不管是新加坡，还是生育搞财政补贴的北欧三国——丹麦、挪威、瑞典，甚至以高生育率著称的伊朗、土耳其，但凡沾上工业化的国家，生育率都会急剧下降。

美国的白人、黑人、亚裔的生育率一样低于2%，只有拉丁裔第一代移民愿意生育，但其第二代接受教育以后，也会迅速被同化。

如果生育率维持现在的状况不变，几年之内，未来人口出生减少带来的影响会逐级传导。

从趋势上看，人口减少会从农村和偏远地区开始，之后蔓延到经济落后的城市和小城市，再蔓延到中等城市。这也是为什么就连过去不着急的大城市，也开始松动户籍，加入抢人大战了。

可以说现在所有的城市，都需要大力引进新鲜血液。因为老龄化以后，未来养老的压力太大了。可以确定的是，未来越来越多的一线、强二线城市，都会加入抢人大战。区域和城市之间的抢人大战，会愈演愈烈。相信在未来几年之内就能看到这个景象。

与此同时，大部分农村会越来越空心化。那些没有产业和就业优势的城市，会加入收缩的行列或者继续收缩。

对于定居一线、强二线城市的人而言，人口出生率下降的问题，他们的感受并不明显。因为虽然新生人口在减少，但是受益于就业机会，这些一线、强二线的人口是涌入的。

但是大多数国人并不生活在一线、强二线城市，人口减少对他们来说是一件麻烦的事。因为随着人口减少，他们的主要资产房子会不断贬值。房子越来越不值钱，所在城市的就业机会也越来越少。随着年纪的增长，想要换个工作或者换个城市生活也变得越来越难。

就业就不说了，很多大城市的工作岗位，小城市根本就没有，也就谈不上什么工作经验。就算有类似的岗位，在小城市工作几年以后想换到大城市，也没有太大的竞争力。

一线、强二线的人口依然是涌入的，当地的房产依然在缓慢升值。而小城市因为人口流出，房产却在不断贬值。

目前，多数人手里的主要资产都是房产。虽然大家都有房，但会因为城市的不同，导致资产价值差距十分巨大。卖掉小城市的两三套房，可能都换不来一线、强二线城市的一个首付。未来如果自己的孩子想要到一线、强二线城市定居，家里想要给他凑个首付都会很吃力。类似的事情在日本已经发生过了。

八、代际养老和未富先老

人口出生率下滑导致的更严重的问题，是代际养老和未富先老的问题。

从代际养老的方面讲，我们知道2020年出生的人，未来要养1980年出生的人。

按照目前人口结构计算，到时候可能需要1.3—1.5人交社保来养1个老人。这几乎是不可能完成的任务。于是未来会提倡延迟退休，还要建设年金和商业保险等第三支柱养老产品。

所谓未富先老，意思是还没富起来，经济增速就下降了，或者说不增长了。

虽然有些发达国家人口老龄化了，经济增速很慢了，但这些发达国家的人均GDP已经达到了4万美元。达到这个基数以后，即使他们不增长了，或者说增长很慢，也是可以接受的。

我们国家的人均GDP目前只有1.25万美元，十年之后突破两万美元确实没什么问题，但是在老龄化的背景下，经济增速会被拖累。人均GDP冲击三四万美元，就会变得很吃力。

如果不解决这些问题，我们的人均GDP就会停留在两三万美元。到时我们的人均GDP只有欧美的一半，老龄化程度却比他们更深，社会负担将变得更重。超低生育率带来的深度老龄化，甚至有可能导致我们国家的经济增速被西方反超。

如果我们维持1.3%甚至更低的生育率，人口结构就会比美国老龄化太多。

世界前五大经济体，目前人口年龄结构最好的是美国。即使全球经济增速下滑，因为相对年轻的人口结构，也能支撑美国经济保持一个高于零的增长。

日本就是因为早早就步入了老龄化，加上产业升级失败，所以经济增速就比较低，常年在零位徘徊。

我们目前的问题在于，人口老龄化速度实在太快了，2020年美国65岁以上人口占比是16.63%，2021年中国是14.2%。按照这个老龄化速度，用不了两年，中、美的人口结构就会趋同。可现在中国的人均GDP，只有美国的1/6到1/7。

如果生育率无法逆转，再过十几二十年，我国65岁以上老人的比例将会变成30%。

美国因为生育率一直维持在1.7%左右，65岁以上老人占比稳定在17%，那时候，美国的经济增速甚至可能反超我们。

所以，能不能让我们的生育率维持在1.7%左右，减缓老龄化进程，对我们国家的发展至关重要。

生育率能不能提高，也很大程度上决定了我们这代人退休以后的日子如何。

尾　声

如果未来人口出生率没办法逆转，趋势延续下去会对我们的生活产生翻天覆地的影响。

首先受到影响的是母婴行业，之后是各种成人消费，然后是中小城市的房产。

这些行业消费下滑了，行业上下游的相关就业形势也会越来越差。很多小地方的基层公务员也会不再扩招了，等老人慢慢退休后，相当于变相缩编了。

前面说过，在人口出生率下滑的背景下，经济增速也会逐渐放缓，未来的人创业也会越来越难。这点在日本就是个明显的例子，日本的大企业基本是二战以后崛起的那拨，新的企业非常少。

在人口出生率下滑的背景下，大家不管是就业还是买房，都要从更长的时间维度来考量。

我们选择一个行业的时候，要多思考人口变化会不会导致这个行业萎缩。选择一个城市的时候，也要考量这个城市产业状况如何，会不会有人口持续流入。不然未来我们很可能会陷入中年失业，辛苦投资买的房子变得越来越不值钱的窘境。

对个体来说，我们只能早点儿做准备，年轻时候努力多存钱，尽量到人口流入城市定居才是正道。

未来，我们该如何选择

很多人经常谈到一件事情，那就是物价一直在涨，工资上涨速度却很慢，而且似乎增长也越来越难了。

其实如果你熟悉各个国家近代经济发展史，会发现这并不是我们独有的现象，而是世界各国普遍存在的规律。

通常当经济发展到一定阶段，GDP增速慢下来以后，多数行业从业者的工资收入增长就会逐渐处于停滞状态。

大家可以设想一下，如果你在公司上班，那么你的收入就是从公司利润里来的。也就是说，公司的利润水平，很大程度上决定了从业者的收入，这点多数人应该都能理解。

当一个新兴行业刚刚诞生的时候，往往就是它最好赚钱的时候。因为在需求一定的情况下，供给在初期是比较少的。这个时候，从业者感受到的是市场需求相对大，竞争者比较少。在这种情况下，这个行业整体获利自然相对容易。在行业赚钱容易的情况下，行业里的公司能获得比较高的利润，这个行业的从业者的收入自然水涨船高。

不过，这只是新兴行业高薪的原因之一，还有个重要原因是市场的供需机制起了作用。大家都知道新兴行业利润率高，能赚钱，所以在短时间内大量的资本开始涌入。这些资本涌入以后的第一件事，就是出高价挖一些行业内的熟手，不然面对一个陌生的行业没法上手。也正因为是新兴行业，行业内的熟手不多，所以业内的人才供需关系是严重失衡的，这个时候，行业内的从业者就能获得溢价。

对多数打工人来说，在哪里打工不是打工呢？当然是哪里给的钱多就去哪里。大量资本涌入以及短期业内熟手供给不足，带来的就是从业人员薪资待遇的大幅上涨。

可以说，这段资本大量涌入的红利期，是那批早期步入这个新兴行业的从业人员最幸福的时光。不光薪资待遇节节高升，而且如果新兴行业的市场份额足够大，一般都能吃到行业的红利。

因为行业的竞争者都在大把投入以开疆拓土，除了薪资待遇以外，上升空间也很大。

等到行业发展几年之后，涌入的竞争者越来越多，整个行业的利润率水平就会出现均值回归。因为整体需求就那么大，大量的从业者涌入参与竞争，很快会把利润率拉到一个比较低的水平。之前高速增长的新兴行业，就会从群雄混战，逐步变成几个巨头鼎立的状态。这时候，谁能通过技术进步降低成本、扩大市场，谁就能在群雄混战之中生存下来，成为剩余的幸存者分食行业的利润。

行业发展到稳定的阶段，差不多格局已经定下来了。这时，行业的利润率也不足以吸引资本的大量涌入。在这种情况下，对行业的从业者来说，不管是发展空间还是薪资水平，也都会回归均值。因为公司和行业的利润已经回归均值，也没有资本大量涌入烧钱抢人了，自然就给不了行业的从业者高薪。

某个行业发展到一定程度，从发展的角度看，这个行业从业者的空间也小了很多。行业发展到一定阶段，渗透率已经到天花板了，这个行业就很难增长了。

公司内部没有新的增量给新人提供上升空间，旧的利益划分也已经完成，别人占着好位置也不可能让给新人，自然也就不会有什么新设的部门和岗位能给你升职的空间了。

从公司的角度看，最近几年很典型的例子，就是我国的互联网企业。

在2010年之前，移动互联网没有爆发的时候，多数优秀毕业生不会选择去互联网企业工作。那时候，大家的首选是外企，工作环境好，接触的人也时尚，福利待遇也更好。

当时去互联网企业的，很多都是简历没那么好看、进不了心仪外企的人。伴随着互联网行业的大发展，这些人不光吃到了移动互联网爆发的红利，而且职位和薪资节节攀升。

因为当时公司在快速扩张、攻城略地，扩张出来的新领域又需要人，这时候升职加薪就很容易。很多人甚至因为早期加入公司分到大笔的期权，还通过公司上市拿到了资本市场的红利。这段红利期从2010年左右开始，差不多持续了七八年时间，现在已经基本到了尾声。

我们看互联网电商行业的渗透率就很明显，不管是城市还是农村，基本都已经渗透完成了。渗透率差不多到顶之后，整个市场增长变得很有限。发展比较快的领域，基本变成了存量市场的争夺战。

比如拼多多吃掉了京东、淘宝的部分市场，短视频吃掉了一大块传统图文的市场。如果你现在进这类公司，相比多数传统行业，薪资水平还是不错的，但是上升的空间已经很小了。毕竟公司里领导年龄也都不大，你和领导年纪也就差个十岁八岁，公司现在增长速度也变得很平稳，自然也不会有太多升职的机会给你。

不光机会变少了，甚至因为扩张速度慢下来了，有些公司已经开始逐步削减人员配置了。以前那些为了业务扩张放在各部门的后备冗余员工，现在也在考虑裁掉了。

你把公司或者行业换成国家，道理是一样的。只不过公司主要看的是业务增速，国家主要看的是GDP增速。在国家GDP增速很快的时候，意味着各个行业都在热火朝天地搞建设，各行各业的机会非常多，发展前景也非常乐观。

在人类没有出现突破性技术革命之前，全世界经济增长是有天花板的。任何经济体的增长速度都不可能一直保持很快，到一定体量就会慢下来，这是客观规律。

国家的整体经济增速慢下来，意味着除了极少数新兴行业，多数行业的利润已经完成了均值回归。这些之前的新兴行业都已经从供不应求的新兴行业，变成了低利润的传统行业。这时候，多数人的工作都在格局已定的传统行业，而不是少数快速增长的新兴行业。

这些传统行业的利润水平就决定了你不可能拿到高薪和获得快速上升的职业发展。因为行业的增长已经变得有限，每年的利润增长可能也就几个点，你的工资涨幅能跟得上就不错了。再加上整个行业都已经开始步入存量博弈，行业里的老人把该划分的利益和势力范围都划分完了。你作为一个刚刚进来的新人，是不可能从里面分一杯羹的，想要升职是很难的。

说到这里，可能很多人已经明白自己所在行业的收入水平很难上涨的原因了，因为天花板已经在那里了。

从统计趋势看，未来伴随着GDP增速的逐步减缓，多数人将要面临的情况，是多年工资收入不涨或者微微上涨将变成常态。对普通人来说，想要获得更好的劳动收入和职业发展，可能只有去新兴行业。只有新兴行业才是那种水大、鱼大，对人员需求处在严重不平衡的状态。

虽然近几年来还在快速增长的新兴行业越来越少，但还是有很多新兴行业的。比如人人都在刷的短视频、Web3.0相关的数字货币、人工智能相关的一些领域就是典型的新兴行业。

如果你已经从事了传统行业，那么想要快速提高劳动收入就比较难。在传统行业，想赚更多的钱，可行的方法可能是研究你所在的行业的经济周期，通过对所在行业的经济周期和波动的研究，抓住几年一次周期性波动的机会。

很典型的例子就是过去每隔几年，房产、资本市场和猪肉这些东西都会有一次高低起伏的波动，只不过有的东西是整体出现波动，有的是结构性出现波动。每次波动里面，就可能有属于你的机会在。

归纳一下，要么你在新兴行业赚趋势的钱，要么在传统行业赚波动的钱。不管研究透彻哪一行，都能赚到钱。当机会还未来临的时候，要有足够的耐心保存实力，等待机会的出现。如果不是有特殊能力，还既想赚趋势的钱，又想赚波动的钱，结果只能是竹篮打水什么也抓不到。

未来投资要注意的关键点

我们和不同行业的实业以及互联网等各个不同领域的人做了几次密集的交流。交流过程中我们都有个感受，大部分行业的红利期和增长期已经过去了，都开始步入存量和低增长阶段。即使是少数还有增量的新兴行业，现在红利期也已经步入尾声了，不太适合新手进入。

如果你现在就觉得自己所在的行业很卷，那么可以预见的是，未来内卷可能还会加剧。因为伴随着人口出生率下滑和老龄化加速，未来总需求的收缩远比总供给收缩要快。

讨论中，我们聊到一个很有意思的问题，那就是到底什么是红利期？讨论完，我感觉这个事情对我启发很大。

从事制造业的朋友说，他们的红利期是在2001年之后，一直持续到2008年左右。这个阶段社会上主要赚的钱和创业机会，大部分都集中在制造业工厂及其上下游。

工厂的生意特别好做，不管是海外订单还是国内订单，根本就做不过来，甚至在很长一段时间里，他们主要是做海外订单，国内的订单基本不做。因为国内订单质量要求低，同时价格压得更低，而且结款也非常困难。海外订单虽然质量要求高，价格随着国外的客户对中国市场的熟悉也在不断往下压低，但起码结款还及时。对他们这种民营制造业企业，资金周转率是非常关键的。如果订单的量够大、利润低、好结款，他们也很愿意做。

大家都觉得开工厂赚钱，所以当时谈到投资项目的时候，很多人想着开个厂搞加工制造。他们的红利期一直持续到2008年全球金融危机爆发。

全球金融危机爆发之后，因为我们的外需订单大幅下滑，国家启动了四万亿投资，拉动内需和创造就业。这笔投资对帮助我们平稳度过危机效果很大，不过也带来了将来的产能过剩。在这之后，如果没有完成技术和产品升级，制造出来的东西没有一定优势，那么工厂就很难过了。

在产能过剩的情况下，之前主要做出口的工厂纷纷探索转型。有的开始想办法拓展内需，有的索性就收手不做了，拿着之前做工厂赚的钱，开始买房收租、退休养老。

这里面有个宁波人讲的例子非常典型。2008年金融危机以后，他靠制造业差不多积累了几千万。那时候他雄心勃勃地想要开拓国内市场，把这些钱的大部分砸进去拓展销售网络，现在几乎是血本无归。因为之前做外贸的套路和经验，在国内市场基本用不到，他到了国内市场，就是两眼一摸黑的小白。再加上国内做销售需要往下游渠道压货，结款周期又很长，慢慢就把他拖垮了。

他有个姐姐，和他做了完全不同的选择。那时候他姐姐手里的钱不到他的一半，但是他姐姐不想折腾了，断断续续就用手里的钱买了房。在上海、杭州、宁波买房的时候，还贷款加了点儿杠杆，算总数可能有几十套房产。2015年房价暴涨之后，他姐姐又卖掉了大半的房子。现在回头看看，他姐姐的日子比他过的滋润得多。他感叹那时候没看清楚大势，做了错误的选择。

2008年金融危机爆发之后，随着那波扩产完成，意味着全球生产已经过剩了，红利期也已经步入尾声了。这个阶段是那些管理能力出众、有能力并购重组、可以吃掉别人产能和市场的大企业的舞台了。他这种中小规模的工厂再去扩大产能，已经毫无意义，稍有不慎就会变成炮灰。

他在吃完从2001年加入世贸后海外订单疯狂涌入这段增量的红利期之后，其实就应该急流勇退了。

当时做工厂的人，很容易就订单满满，非常赚钱。这是加入世贸带来的红利，而不完全是他们自己的能力。像他这样依靠时代的红利赚了点儿钱的普通人，在红利已经丧失的赛道上继续挣扎，其实是不明智的。很多人像他一样，因为前面几年的成功经验，他们觉得自己只要再努力一点儿就成功了。

当然，他还有个更好的选择，是拿着积攒下来的资本，像他姐姐一样加入房地产这个赛道。不过很多事情也是现在回头复盘，才能感受和体会得这么深。毕竟他姐姐也不是因为看明白大势而跑去买房的，只是不想继续干了，误打误撞买了房，只能说人家命比他好。

一个做电商的人说，这两年他对这个红利的感慨也非常深，本质上红利就是增量。

一个行业一旦开始没有增量，这个行业红利期就过了，后来的人基本就没什么机会了。

在国内开工厂的红利期是2001年—2008年，等国内开工厂的红利期结束了，移动互联网开始普及，淘宝借助移动互联网红利推出了手淘。也就是在这个时间点之后，电商行业大规模的爆发性增长就开始了，这段红利期是电商行业的黄金时代。整个电商行业的销售额在这段红利期持续高速增长，大幅吃掉了线下零售的市场份额。

在行业红利加持的背景下，在大公司工作的人拿到了工资奖金，创业者也不断被各种投资机构塞钱。很多平台上不大不小的卖家，也因为行业销售爆发性增长，沾了不少光。

很多人白手起家，在大城市买房、买车，差不多都是因为赶上了这段移动互联网的红利。如果没赶上这段红利期，想做到以上这些事情也不是不可能，但要困难好几倍。

现在电商行业的格局已经基本定下来了，整体的销售增速基本稳住了，这也意味着整体的红利期结束了。新入场的小卖家，如果没什么特别的优势，在多数传统电商平台上，已经很难有什么机会了。

抖音、拼多多这类平台这几年异军突起，它们崛起的过程中，抢夺了阿里巴巴很大的市场份额。有些人在这些增长迅速的新平台上分了一杯羹，这有点儿像现在汽车市场整体增长幅度已经很小了，但是新能源车依然在高歌猛进。在汽车市场整体增幅很小的情况下，新能源车吃掉的就是燃油车的市场。

如果一个行业的增速很快，意味着这个行业的整个蛋糕是在快速扩大的。在一个高速扩张的行业，新来的玩家如果下功夫，是比较容易分到一杯羹的。你去看看前两年流行的直播或者短视频，也是一样的道理。

在多数人看不懂、不愿意去尝试的时候，对新玩家来说是巨大的机会和红利期。如果人人都觉得是机会，人人都觉得做直播能够赚钱，那就没什么机会可言了。倒不是说这时候做就没有利润了，多下点儿功夫混口饭吃还是没问题的，但是相比之前处于增量环境里的红利期，现在大家进去就是互相卷了。因为红利期结束就意味着增量的蛋糕没有了，要开始进入存量博弈阶段了。在没有增量或者增量比较低的存量市场里博弈，还是比较难的。因为在博弈的环境下，你除了在整个行业低增长的情况下要从里面抢饭吃，还要和行业里折腾了多年的老手竞争。这些行业里的老手，往往除了之前积累下来的经验，还有沉淀下来的资金、利润和渠道。一个新手想要在存量博弈的市场里胜过这批老手，非常不容易。

所以，想要借助趋势的力量赚到钱，很重要的一点是看到这个行业有足够的增量空间。而这类处在红利期、增量空间巨大的行业，最近十年主要出现在新兴行业，而不是传统行业。

为什么现在很多人都说赚钱难，各行各业的人都觉得自己的行业卷？

因为多数人能接触到的行业，要么已经是红利期结束的传统行业；要么虽然是新兴行业，但由于判断力不足或者总是受骗掉坑，往往在开始的时候抱着不相信不敢尝试的态度在旁边冷眼旁观，等他们意识到能赚钱，想要尝试介入的时候，红利期已经步入了尾声。事实上我们在市面上能看到的多数行业都遵循着这样的规律，当大众都开始意识到里面有赚钱机会的时候，差不多已经走到了尾声。

很典型的例子就是买房投资，比如说连菜场大妈都告诉你，现金放在手里要贬值了，必须拿这些钱买房保值的时候。这时候你就可以确定，现金几乎变成了最安全的东西，房价未来几年可能要阴跌[1]了，贷款利息都不一定跑得过。

当关于某个行业的观点烂大街、大众讨论最热烈的时候，往往就是这个行业流动性和价格的高光时刻。这个时候，就不要轻易投入大量资金进入这个行业了。

---

① 阴跌又称盘跌，股票术语，主以较小被动的逐级下跌为主。阴跌往往因为跌幅小不被人注意，但累计跌幅是巨大的，又称“钝刀子杀人”。